DEAR KOREAN READER,

MATHEMATICS IS A UNIVERSAL LANGUAGE. ENJOY!!

2015-1

Larry Gonick

세상에서 가장 재미있는
대수학

THE CARTOON GUIDE TO ALGEBRA

Copyright © 2015 Larry Gonick

Published by arrangement with HarperCollins Publishers. All rights reserved.
Korean translation copyright © 2015 by Kungree Press
Korean translation rights arranged with HarperCollins Publishers,
through EYA(Eric Yang Agency).

이 책의 한국어판 저작권은 EYA를 통하여
HarperCollins Publishers사와 독점 계약한 '궁리출판'이 소유합니다.
저작권법에 의해 한국 내에서 보호를 받는 저작물이므로 무단 전재와 복제를 금합니다.

세상에서 가장 재미있는 대수학

래리 고닉 글·그림 | 전영택 옮김

THE CARTOON GUIDE TO ALGEBRA

한국의 독자 여러분께

 수학은 세계 공용어입니다. 인간의 다른 표현수단들과는 달리, 수학적 표현은 언제 어디서나 같은 의미를 가집니다. 고대의 그림을 감상하거나 다른 언어에서 번역된 시를 읽을 때, 우리는 특정 시간이나 장소와 연관이 있는 무언가를 놓칠 수 있습니다. 반면 수학은 그렇지 않습니다. 동아시아의 계산기, 인도의 숫자들, 그리스의 기하학, 멕시코의 달력, 그리고 중앙아시아의 대수학 등등, 이들 모두는 모든 사람들에게 똑같은 방식으로 이해되고 있으며, 이는 앞으로도 계속 그럴 것입니다.

 이러한 현상이 일어나는 이유는 아직 신비에 싸여 있으며 의견이 분분합니다. 첫 번째 견해는, 수학이 사람들에 의해 만들어지고 '구현된' 문제 해결의 도구라는 것입니다. 만약 이것이 사실이라면, 수학의 보편성은 특정 역사나 기원에 상관없이 모든 사람들이 유사하다는 증거가 될 것입니다. 또 다른 견해는 수학이 우리들 자신의 밖에 존재하고 우주의 구조를 알려주는 이상적인 외부 세계라고 주장합니다. 이 견해에 따르면, 수학은 발견되는 것이지 발명되는 것이 아니며, 수학의 보편성도 그다지 놀라운 일이 아닙니다. 우리는 어디에 있든지 간에 주변 세상의 규칙성과 질서를 똑같이 인식할 수 있기 때문입니다. (저는 이런 두 견해 모두를 좋아하기에 그중 어느 하나를 택하고 싶지는 않아요.)

 대수학은 현대 수학의 모든 분야에서 특별한 위치를 차지하고 있습니다. 대수학은 우리가 관심을 가지고 있는 수많은 변수들 사이의 관계를 나타내는 방법, 즉 방정식을 세우는 법을 알려줍니다. 그리고 대수학의 법칙들을 이용하여 이러한 방정식을 풀 수 있기 때문에, 대수학이 곧 세상을 지배하는 원리라고 할 수 있지요.

 학생들은 대수학을 어려워하는 경우가 많습니다. 복잡한 방정식을 풀어나가는 과정에서 자칫 길을 잃기가 쉽기 때문이지요. 단순히 덧셈과 뺄셈의 계산 과정을 좇아가는 것조차도 그리 쉬운 일은 아니랍니다. 이러한 어려움들을 이겨나가기 위한 방법으로, 저는 먼저 방정식을 크게, 방정식을 사용하는 사람들보다 더 크게 만들었습니다! 그래서 여러분이 케빈, 제시, 세리아, 모모와 같은 남녀 주인공들과 함께 이 책 속을 걸어가다 보면, 어느 틈에 방정식들을 실감나게 이해하게 되고 변수들을 직접 이리저리 조정할 수 있게 될 것입니다. 대수학에 대한 감각을 자연스럽게 익히게 되는 것이죠.

두 번째로, 여러분의 이해를 돕기 위해 저는 또 하나의 세계 공용어인 돈과 관련되는 예제를 본문에 많이 제시했습니다. 대수학은 돈을 관리하는 데 많은 도움을 준답니다. 여러분은 그런 면에서도 대수학이 배울 만한 가치가 있다는 것을 알게 될 거예요!

마지막으로, 저의 다른 책에서와 마찬가지로 이 책 또한 세 번째의 세계 공용어인 만화로 엮었습니다.

저는 여러분이 이 책을 통해 대수학에 흥미를 느끼고 그 개념들을 보다 분명하게 이해하며, 나아가 수학에 대한 깊은 즐거움을 깨달아가게 되기를 간절히 바랍니다.

2015년 1월 19일
지은이 래리 고닉

독자들이 흥미를 잃지 않고 이 책을 끝까지 읽을 수 있도록 하기 위해 많은 고민을 했다.
필자의 이러한 고민을 덜어주기 위해 조언을 아끼지 않은 앤드류 그림스태드,
데이비드 멈포드, 헤더 달라스, 마크 오웬 로스 씨에게 감사드린다. 특히,
제곱수를 '바빌로니아식 그래픽'으로 설명하는 아이디어를 주신
마크 씨에게는 거듭 깊은 감사의 말씀을 드린다.

CONTENTS

한국어판 저자 서문		4
헌사		6
곱셈표		8

0	대수학이 뭐야?	9
1	수(數)직선	13
2	덧셈과 뺄셈	21
3	곱셈과 나눗셈	31
4	식과 변수	43
5	균형잡기	67
6	응용(서술형) 문제	79
7	다수의 미지수	91
8	방정식의 그래프	103
9	거듭제곱 놀이	123
10	유리식	131
11	비율	143
12	평균에 대하여	163
13	제곱수	177
14	제곱근	189
15	이차방정식의 풀이	201
16	다음은?	225

엄선한 연습문제 풀이		232
옮긴이의 말		238
찾아보기		240

곱셈표

×	2	3	4	5	6	7	8	9	10	11	12
2	4	6	8	10	12	14	16	18	20	22	24
3	6	9	12	15	18	21	24	27	30	33	36
4	8	12	16	20	24	28	32	36	40	44	48
5	10	15	20	25	30	35	40	45	50	55	60
6	12	18	24	30	36	42	48	54	60	66	72
7	14	21	28	35	42	49	56	63	70	77	84
8	16	24	32	40	48	56	64	72	80	88	96
9	18	27	36	45	54	63	72	81	90	99	108
10	20	30	40	50	60	70	80	90	100	110	120
11	22	33	44	55	66	77	88	99	110	121	132
12	24	36	48	60	72	84	96	108	120	132	144

Chapter 0
대수학이 뭐야?

대수학에 들어가기 전에,
먼저 사칙연산의 법칙에 따라 숫자를
더하고 빼고 곱하고 나누는 방법을 알아보자.
이 책을 공부하기 위해서는,
반드시 산수를 알아야 한다!

숫자의 연산이 산수라면, 대수학은 무엇일까? 그 답을 알아보기 위해, 흔한 산수 문제에서 시작하자.

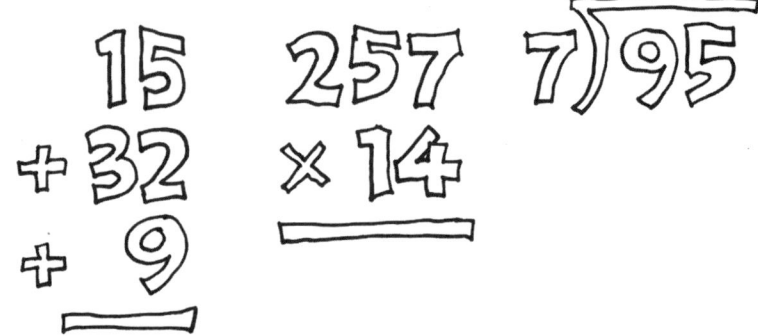

위의 산수 문제를 다시 한 줄로 펼쳐 써보자.

$$15 + 32 + 9 = 어떤 수?$$

$$257 \times 14 = 어떤 수?$$

$$95 \div 7 = 어떤 수?$$

이렇게 써놓고 보니, 산수 문제가 **방정식**이 되었다. 방정식은 '좌변=우변'의 형태로 되어 있는 식을 말한다. 단, 우리가 계산을 끝낼 때까지는 우변이 **미지수**로 남아 있다.

$$2 + 2 = 3 + 1 \qquad \text{미지수가 없는 방정식}$$

$$\frac{3 + 75}{13} = 어떤 수? \qquad \text{산수 문제:}\\ \text{우변이 미지수인 방정식}$$

대수학에서도 방정식을 다루지만, 앞의 수식과는 약간 차이가 있다. 즉 미지수('어떤 수?')의 위치가 정해져 있지 않다. 미지수는 방정식의 **어디에나** 있을 수 있다. 방정식의 중간에 있을 수도 있고, 여러 군데에 있을 수도 있는 것이다. 즉 다음과 같은 형태가 대수학 문제다.

대수학에서는, '어떤 수?'를 1, 2, 6과 같은 숫자로 취급한다. 다만, '어떤 수?' 대신에 통상 x나 y와 같은 문자를 사용한다.

여러 문자와 숫자를 사칙연산으로 연결한 식을 대수적 표현, 즉 **대수식**이라고 한다. 우리 얼굴에 나타나는 표정이 그렇듯이, 대수식 역시 간단할 수도 있고 복잡할 수도 있다.

대수학에서는 '두 개의 수식이 서로 같다'라는 형태의 방정식을 제일 먼저 다룬다.
우선, 수식들을 이리저리 주물러서…

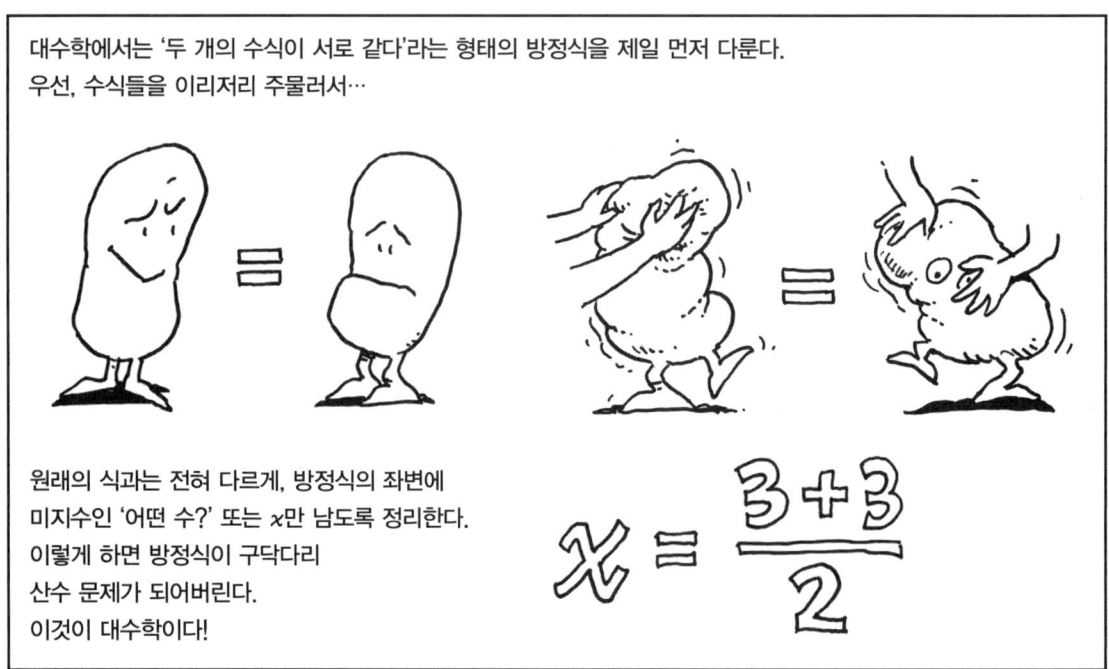

원래의 식과는 전혀 다르게, 방정식의 좌변에 미지수인 '어떤 수?' 또는 x만 남도록 정리한다.
이렇게 하면 방정식이 구닥다리 산수 문제가 되어버린다.
이것이 대수학이다!

그래서 대수학 공부를 위해서는 수식을 '주무르는' 또는 다루는 법을 배울 필요가 있다.
산수에 사칙연산이 있듯이 수식을 주무르는 데에도 법칙이 있다. 아무렇게나 하는 것이 아니란 말씀!

이제, 숫자만 있는 가장 간단한 수식부터 시작해보자.
대부분의 수식이 익숙한 것들이겠지만,
낯선 수식이 있을 수도 있다….

Chapter 1
수(數)직선

숫자는 쓰임새가 많지만, 특히 **셈**과 **측정**에 사용된다. 셈은 세상에서 가장 자연스러운 일이다. 1, 2, 3, 4…로 사과, 오렌지, 해변의 모래알 등 뭐든지 셀 수 있다….

그래서 수학자들은 1, 2, 3…과 같은 수를 **자연수**라고 한다. 여러분도 알다시피, 다른 수들은 그렇지가 않다.

하지만 셈과는 달리, 뭔가를 **측정**할 때
자연수는 별로 쓸모가 없다….
가령 누군가의 발 길이를 재는 경우를 생각해보자.

우와!
나룻배야?
발이야?

여러분의 발을 자 위에 올려놓아 보면,
발끝이 눈금(인치, 센티미터 등 측정단위는 중요하지 않다)과
정확하게 일치하지 않을 수 있다.

여러분은 선택해야 한다. 발끝을 조금 잘라내서 눈금에 맞추든지,
아니면 **자연수 사이**에도 숫자들이 있다는 생각을 받아들이는 것이다.
예를 들면 $\frac{1}{2}$이나 $\frac{35}{8}$와 같은 **분수**가 그런 수들이다.
분수가 있으면 수의 체계가 훨씬 나아진다!

발을 잘라내는 것보다는
분수가
확실히 낫겠지!

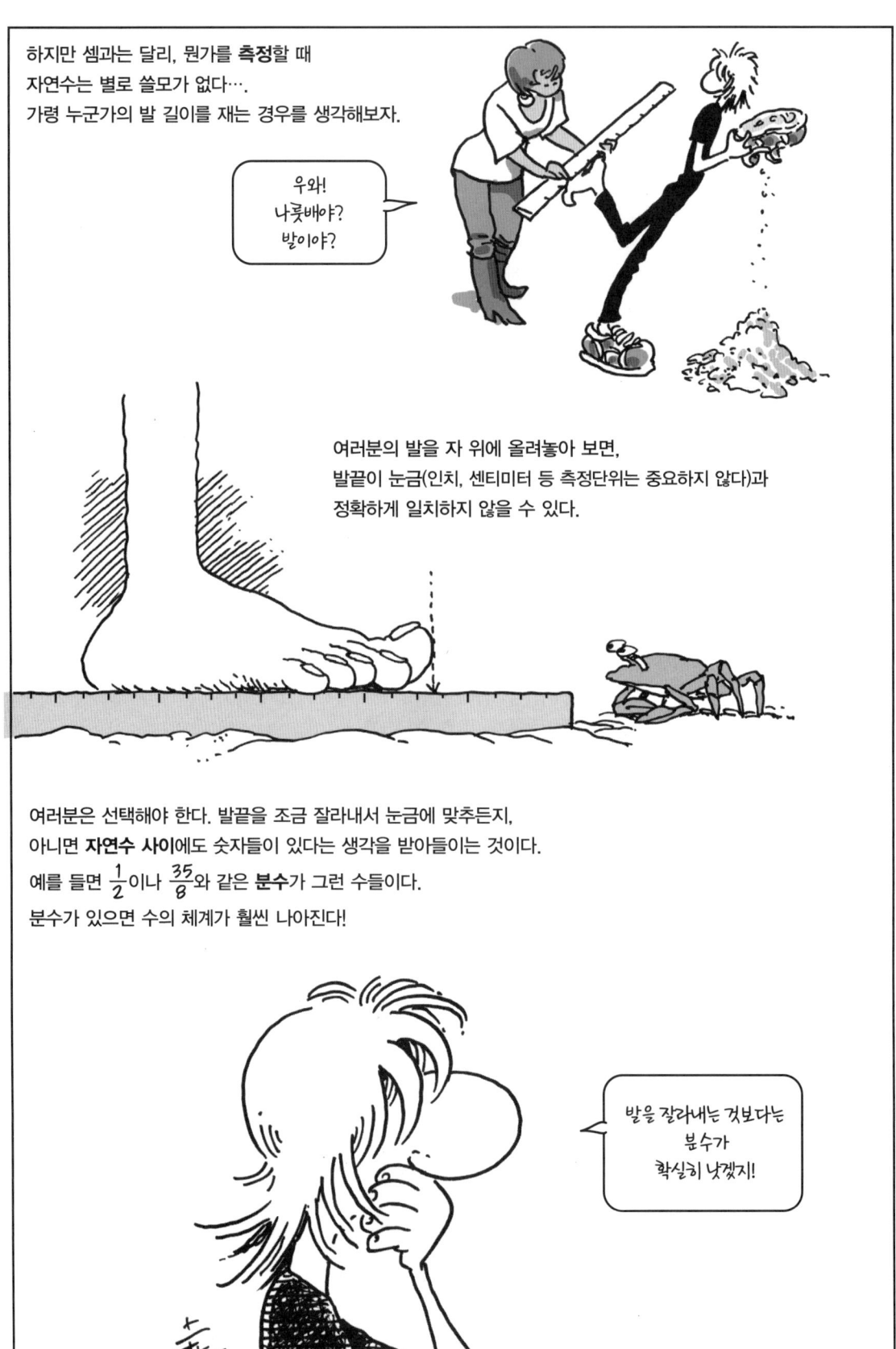

분수는 어떤 것의 '부분들'이다.
가령, 피자를 동일한 크기의
세 조각으로 나눴을 때,
그중 한 조각이
피자의 $\frac{1}{3}$이고,
두 조각은 $\frac{2}{3}$…
이렇게 된다.

그렇다면 분수의 '정체'는 무엇인가 하는
의문이 생긴다. 단순한 나눗셈 문제인가?
아니면 어떤 숫자의 조각인가?

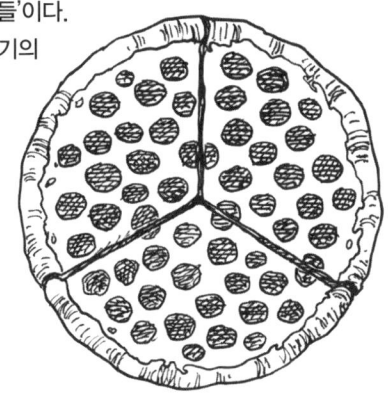

측정의 경우, 분수는 자 위에 있는 어떤 점이다. 예를 들어 $\frac{1}{3}$은 0과 1 사이의 $\frac{1}{3}$지점에 있는 점이다.
$\frac{2}{3}, \frac{3}{3}, \frac{4}{3}, \frac{5}{3}$…도 자 위의 특정 위치에 있다. 그리고 $\frac{3}{3}=1, \frac{6}{3}=2$…이다!

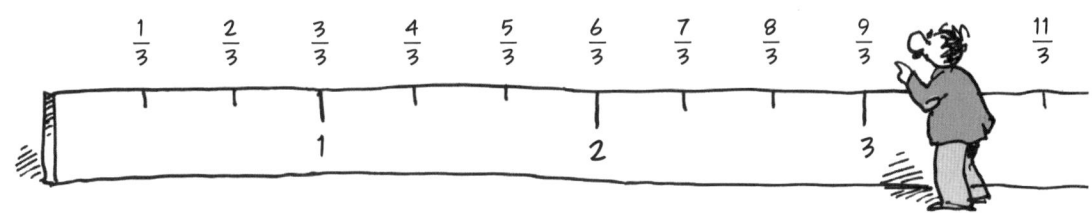

다시 말해서, **분수**는 길이 등을 측정하는 **다른 종류의 수**이다.
분모와 분자에 원하는 수를 써서 어떤 분수도 만들 수 있고, 모든 분수는 자 위의 특정 지점에 위치한다.
발의 크기를 분수로도 정확하게 측정할 수 없다면, 최소한 아주 근접하는 분수를 얻을 수는 있다!

손, 발의 크기가 아닌 다른 것을 측정할 때는, 또 다른 종류의 수가 필요한데, 바로 다.

온도: 0도 아래의 모든 영하의 온도는 음수다.

"양지가 더 좋다고 했잖아요!"

오, 이런…. 항상 양지에만 있으려고 했는데!

예를 들면…

시간: 시계의 눈금판을 풀어서, 직선으로 늘어놓고 시간을 잰다고 하자.

과거(-) ← 0 현재 → 미래(+)

현재(또는 1년의 시작 시점과 같은 특정 시점)를 0이라고 생각하면, 이보다 이른 시간은 음수, 늦은 시간은 양수이다.

"난 -320에서 태어났어. 근데 뭐 소린지 지금도 헷갈려."

돈: 심지어 **돈**도 음수가 될 수 있다! 경리는 **빚**을 **음수**로 처리한다. 여러분이 누군가에게 5달러를 빌렸다면, 여러분은 -5달러를 '가진' 것이다.

"음, 최소한 뭔가를 가지긴 했구먼…."

음수가 표시된 가상의 줄자를 상상해보자. 음수는 0의 왼쪽에 표시된다. 즉 0은 양수와 음수를 갈라놓는 점이다. 가상의 줄자인 **수(數)직선**은 양쪽 방향으로 끝없이 뻗어 있다. 왜냐하면 가장 큰 수라는 것은 없기 때문이다.

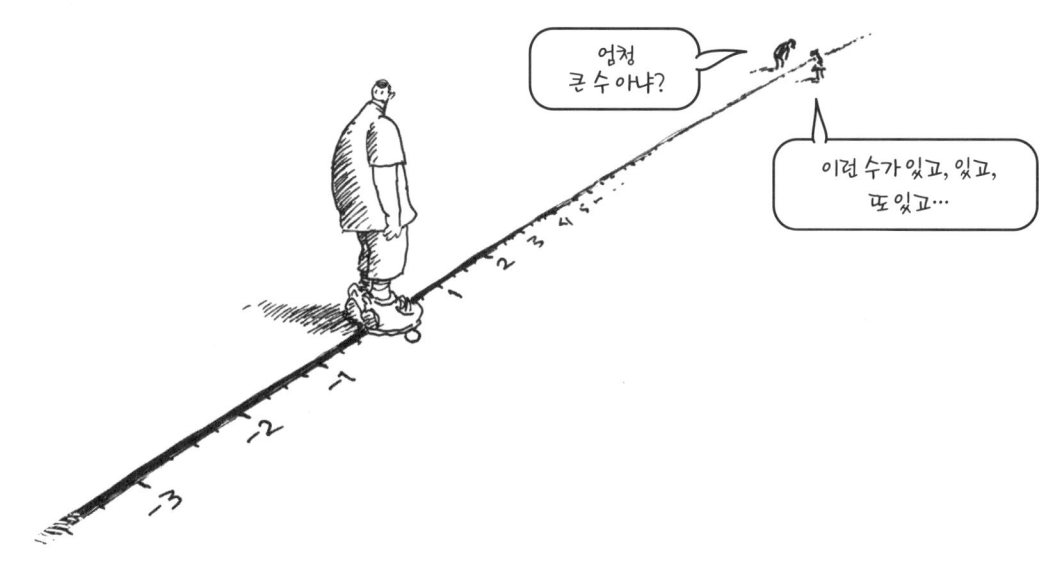

수직선의 음수 부분은 양수 부분과 부호만 다를 뿐 모양새는 똑같다. 즉, 음수 부분은 양수 부분을 **거울에 비춘 상(像)**과 같다.

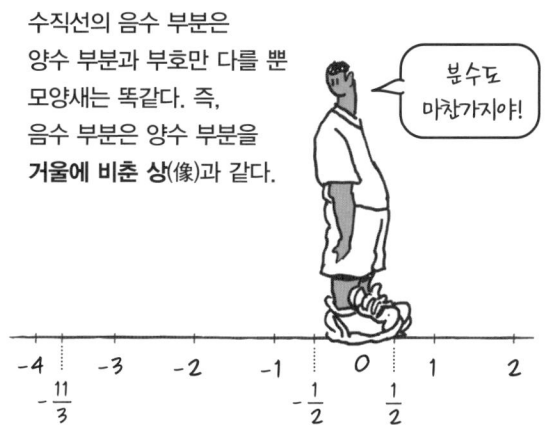

어떤 수의 음수는 0을 기준으로 반대편에 있는 거울의 상(像)이다. 0을 중심으로 수(數)직선을 접으면, 양수와 그에 해당하는 음수가 서로 겹쳐진다.

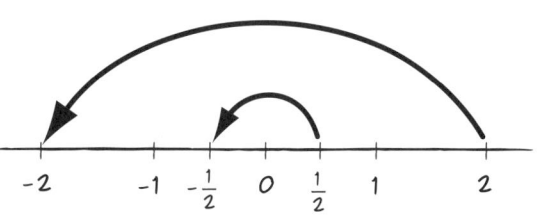

수(數)직선을 반대로 접으면, 음수가 그 짝인 양수에 겹쳐진다. 그래서 **음수의 음수는 양수**가 되는 것이다.

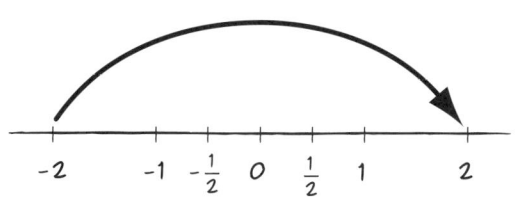

예를 들어 -2의 음수는 2가 된다. 이것을 식으로 쓰면 다음과 같다.

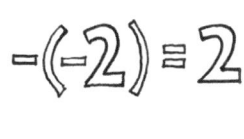

수(數)직선에는 양수, 음수, 분수가 모두 자리 잡고 있다. 측정을 위해 이들 말고 또 다른 수가 필요할까? 사실, 필요하다….

여러분도 알다시피, 어떤 분수라도 나눗셈을 통해 소수로 바꿀 수 있다. $\frac{2}{3}, \frac{5}{8}, \frac{1}{7}$의 경우,

```
   0.6666...           0.625
3)2.0000...         8)5.000
  18                  48
  ──                  ──
   20                  20
   18                  16
   ──                  ──
    20                  40
    18                  40
    ──                  ──
     20 계속…             0
```

```
   0.1428571428...
7)1.0000000000
  7
  ──
  30
  28
  ──
   20
   14
   ──
    60
    56
    ──
     40
     35
     ──
      50
      49
      ──
       10
        7
       ──
       30  계속…
```

어떤 정수를 다른 정수로 나눌 때, 그 결과는 두 가지 경우만 있다.

다음처럼 **끝나는** 유한소수이거나

$5/8 = 0.625$

다음처럼 끝없이 **같은 형태가 반복**되는 순환소수이다.

$2/3 = 0.666666666…$

$1/7 = 0.142857\ 142857\ 142857…$

왜 그럴까? 왼쪽의 나눗셈을 보자. 나머지에 0이 나타나면, 나눗셈과 몫인 소수가 끝이 난다. 그렇지 않은 경우에는, 음… 여러 가지 수가 나머지에 나타난다.
나눗셈을 계속하면, 나머지에 같은 수가 다시 나타나고, 이때부터 같은 패턴이 반복, 순환되는 것이다.

반복되는 패턴 **없이** 끝없이 계속되는 비순환소수도 있다. 예를 들면 2의 제곱근인 $\sqrt{2}$가 그런 수이다.
(이 수는 제곱하면 2가 되는 수인데, 나중에 다시 다룰 거야!)

$\sqrt{2} = 1.41421\ 35623\ 73095\ 04880…$

또 다른 예는 π(파이)이다. 이것은 지름이 1인 원의 둘레의 길이이다.

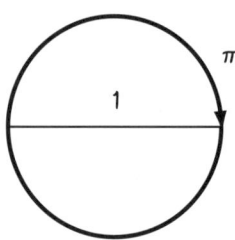

$π = 3.14159\ 26535\ 89793\ 23846…$

이러한 비순환소수를 **무리수**라고 한다.
이 수들도 역시 수직선에 제 자리가 있다.

무리수라는 말의 의미는 이 수가 두 정수의 **비**(比),
다시 말해 분수로 나타낼 수 없다는 것이다.
(앞에서 언급했듯 분수는 유한소수나 순환소수가 된다.)

결론적으로 말하면,
측정을 위해 사용되는 모든 수는 다음 중 하나다.

정수
양의 자연수와 음의 자연수, 그리고 0.

유리수
분수로 나타낼 수 있는 수.

무리수
그 밖의 수.

한때는 제곱근을 '어리석은'을 뜻하는 absurd에
들어 있는 'surd(부진근수)'라고 불렀다.
하지만 '무리수'라는 말이 엉뚱하거나 괴팍한
수를 의미하는 것은 아니다.

수직선을 가득
채우는 이 수들을
모두 합쳐서
'진짜' 수, 즉
'실수'라고 한다.
이 수들이 돌멩이
하나 또는 여러분을
위해 남겨둔
치즈 한 조각처럼
진짜 실감이 나는지는
모르겠다만….

연습문제

1. 몸풀기용 산수 문제를 풀어보자. (계산기를 사용하면 안 돼!! 여기서 '수학 근육'을 풀어야 하거든!)

a. $24 + 7$
b. $58 + 35$
c. $1.563 + 0.0002$
d. 19×3
e. 5.7×2
f. 5.7×0.06
g. 1.4142×1.4142
h. $2 \overline{)50}$
i. $0.2 \overline{)50}$
j. $21 \overline{)110}$

2. 나눗셈을 이용하여 다음 분수를 소수로 나타내어라.

a. $\frac{1}{5}$
b. $\frac{6}{5}$
c. $\frac{47}{12}$
d. $\frac{3}{8}$
e. $\frac{5}{9}$
f. $\frac{4}{11}$
g. $\frac{3}{17}$
h. $\frac{3}{100}$
i. $\frac{47}{100}$
j. $\frac{22}{23}$
k. $\frac{5}{16}$
l. $\frac{4}{25}$

3. 순환소수는 순환되는 부분인 순환마디에 방점을 찍어 간단하게 쓴다. 예를 들어 순환소수 $0.010101010101010101010101010101010101010101010101010101010101010101010101\cdots$ 는 $0.\dot{0}\dot{1}$로 쓴다. 훨씬 간편하다! 2번 문제에서 나온 순환소수를 이 표기법을 써서 나타내어라.

4. 오른쪽의 **가분수**를 **대분수**로 나타내어라. (가분수는 분자가 분모보다 큰 분수이고, 대분수는 $2\frac{2}{3}$처럼 정수와 분수를 더한 수이다. 예를 들면 $\frac{5}{4} = 1\frac{1}{4}$)

a. $\frac{6}{5}$
b. $\frac{47}{15}$
c. $\frac{19}{4}$
d. $\frac{22}{17}$

5. 3.514를 분수로 나타내어라.

6. 다음 수를 다음 수직선에 표시하라. $4.51, \frac{22}{7}, -10\frac{1}{2}, \frac{11}{2}, -3.6$

```
-11 -10 -9 -8 -7 -6 -5 -4 -3 -2 -1  0  1  2  3  4  5  6
```

주어진 두 수 중에서 **큰** 수가 수직선에서 오른쪽에 놓인다.

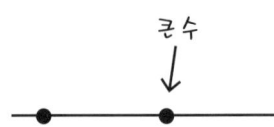
큰 수

7. 다음 두 수 중에서 큰 수는?

a. 2 또는 3
b. 2 또는 -3
c. -2 또는 -3
d. -2 또는 3
e. -350 또는 2
f. $\frac{1}{4}$ 또는 $\frac{1}{2}$
g. 3.808 또는 3.81
h. $-\frac{22}{7}$ 또는 -3.25

8. $-(-(-2))$는?
$-(-(-(-2)))$는?
2 앞에 마이너스 부호가 20개 있는 경우는 어떻게 될까? 그리고 마이너스 부호가 35개 있는 경우는?

Chapter 2
덧셈과 뺄셈

두 수의 덧셈은
두 수에 포함되어 있는 낱개를
하나하나 셈하는 것이고,
뺄셈은 그중 일부를
제외하는 것이다.

자연수인 경우에는
덧셈과 뺄셈이 쉽다. 하지만
다른 종류의 수가 있으면 쉽지 않다.
대수학을 잘하려면,
음수의 덧셈과 뺄셈에
익숙해져야 한다.

> 내가 가진 사과는 너보다 −3개 적어!

> 자랑하는 거야, 아님 불평하는 거야?

본격적으로 시작하기 전에, 우선 **괄호**에 대해 알아보자. (이것 없인 아무것도 할 수가 없어!)

보통의 글에서는
괄호가 여분의 뭔가를
의미한다….
하지만 수학에서는
그렇지 않다!

수학에서는 괄호가 **그룹을 짓는 기호**다.
즉 괄호 안에 있는 것은 하나의 단위 또는 양(量)으로 취급해야 한다.

그렇게 쳐다보지 마….
이걸 내가
여기 갖다둔 게 아냐!

그래서 $2 \times (3+4)$는
'2에 3+4라는 수를 곱한 것',
즉 $2 \times 7 = 14$이다.

괄호는 다음처럼 이상하고 헷갈리고
속 뒤집히는 식을 피할 수 있게 해준다.

대신, 다음처럼 묶어서 쓰면 의미도 분명하고
소화도 잘된다!

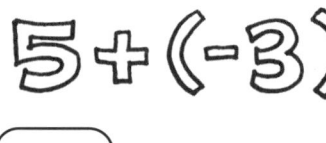

'5 더하기
마이너스 3'

더하기 빼기?

헉!

캑—

훨씬 낫군.

이해했어!

매스꺼움이—
사라졌어!

괄호의 의미는 이렇다. 괄호가 있으면, 괄호 밖의 계산을 하기 **전**에 괄호 **안**의 계산을 먼저 하라는 것! 곧 알게 되겠지만, 이건 정말 중요한 거야!

그리고 또 하나, 지금부터 '곱하기'를 뜻하는 ×기호를 되도록 쓰지 않을 것이다. 대수학에서 자주 사용하는 x와 헷갈리기 때문이다.

대신에, 곱하기를 작은 점인 · 로 나타내거나, 정말 줄여 쓰고 싶은 기분일 때는 그냥 숫자를 나란히 쓸 것이다. 헷갈릴 수 있는 경우에는 다음처럼 괄호를 사용하면 된다.

우선, 낯익은 **양수**의 덧셈과 뺄셈부터 알아보자. 두 양수(여기서는 2와 3)는 수(數)직선 위에 놓인 거리막대로 생각할 수 있다.

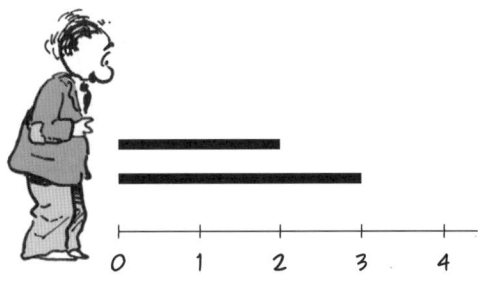

두 수를 더하기 위해, 거리막대 하나는 고정해두고 (둘 중 어느 것이든 상관없다) 다른 하나를 들어서…

고정된 막대의 먼 쪽 끝으로 가져가서…

바깥을 향하도록 끝과 끝을 서로 붙인다. **합**은 막대의 전체 길이다.

별게 없잖아!

$3 + 2 = 5$

큰 수에서 작은 수를 뺄 때는, 막대를 다시 정렬시키되, 이번에는 작은 막대가 큰 막대의 **안쪽**을 향하도록 붙인다.

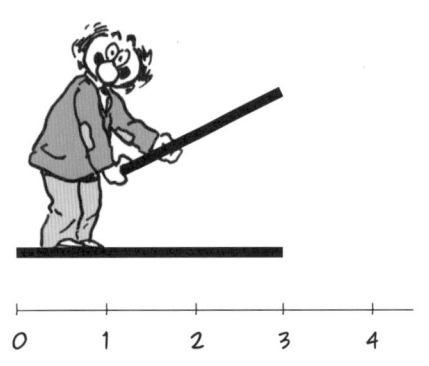

큰 막대의 길이 중에서 두 막대가 겹치지 않는 부분이 **차이**다. 큰 막대에서 작은 막대를 잘라내고 남은 부분이다.

$3 - 2 = 1$

이 그림을 양수와 음수를 포함한 모든 실수로 확장하기 위해서는, 각 수를 거리막대 대신 **길이와 방향을 가진 화살표**로 바꾸는 것이 좋다. 이 화살표는 수직선의 0에서 각 수로 향한다. 그래서 음수는 왼쪽, 양수는 오른쪽으로 향하는 화살표를 갖는다.

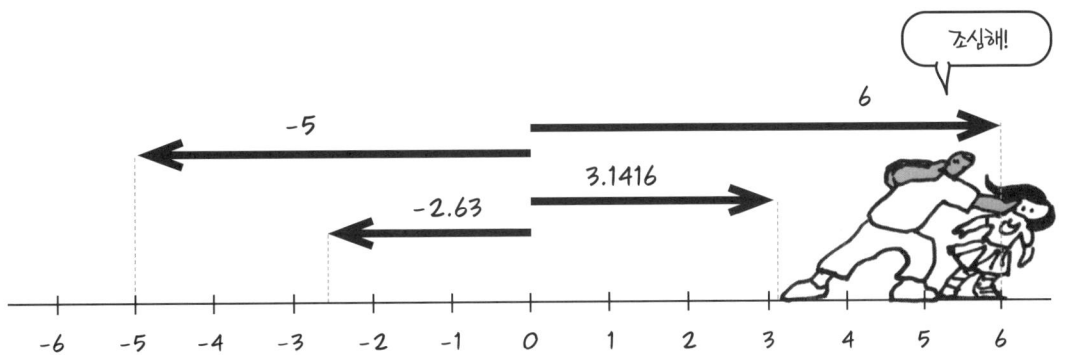

두 수의 덧셈은 앞에서 설명한 것처럼 하면 된다. 화살표 하나는 고정해두고 다른 화살표의 꼬리를 고정된 화살표의 머리에 이어붙이면 되는 것이다. 이동시킨 화살표의 머리위치가 합이다.

음수도 같은 방법으로 더하면 된다.
한 화살표를 고정해두고 다른 화살표의 꼬리를 고정된 화살표의 머리에 이어붙이면, 이 화살표 머리의 위치가 합이다. 예를 들면 다음과 같다.

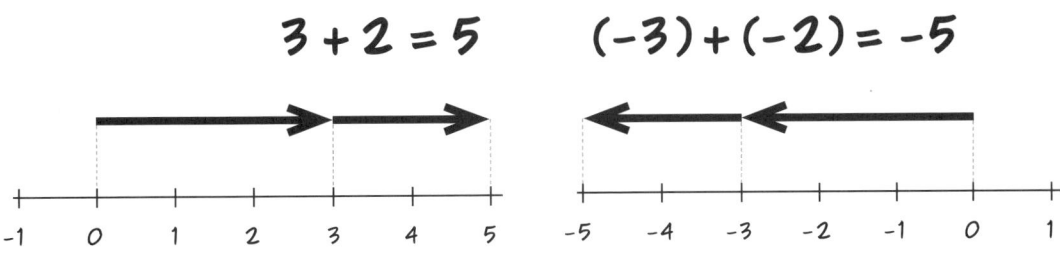

양수와 음수를 더할 경우에도, 화살표의 꼬리와 머리를 이으면 된다. 합은 양수이거나…

음수이다. 결과는 더하는 두 수에 따라 달라진다.

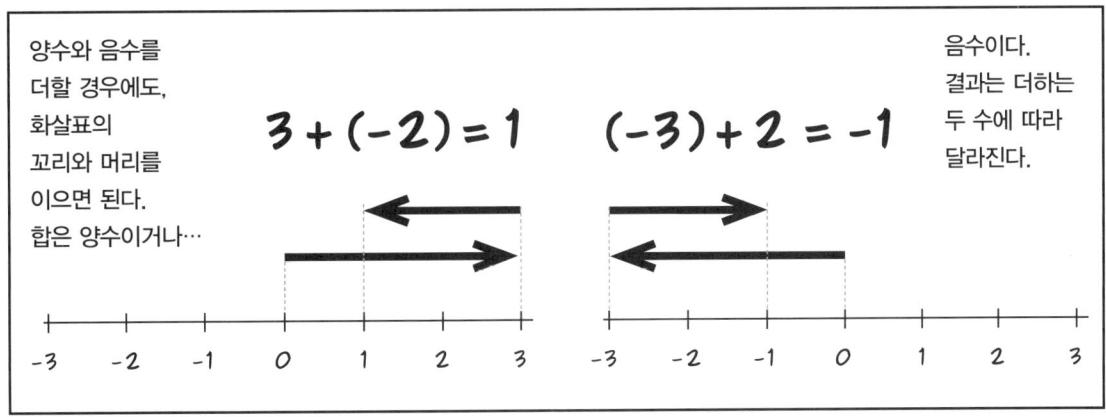

25쪽에 있는 덧셈 3+(-2)의 그림을 자세히 살펴보면,
24쪽에 있는 뺄셈 3-2의 그림과 사실상 같다.
둘 다 그만큼 줄어든다.

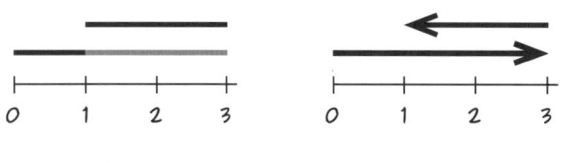

음수를 더하는 것은 그 음수를 '양수화(化)' 해서 빼는 것과 같다.

어떤 수의 '양수화'를 그 수의 **절댓값**이라고 하며, |-2| = 2처럼 그 수를 세로줄 두 개로 감싸는 형태로 표시한다.
절댓값은 어떤 수의 크기, 즉 화살표의 길이 또는 0으로부터의 거리다.
양수의 절댓값은 그 수 자체이고, 0의 절댓값은 0이다.

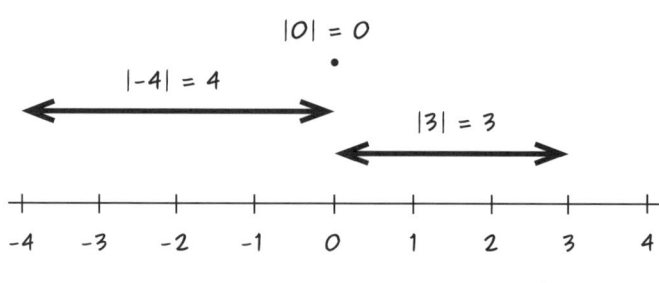

이제 (-3)+2의 그림을 다시 보자.
이 그림은 음수 부분에 있고,
3+(-2)=3-2의 거울에 비친 상이다.

그래서 그 합은, 3-2를 계산한 다음
그 값을 **음**으로 만들면 된다.

$$(-3) + 2 = -(3 - 2) = -1$$

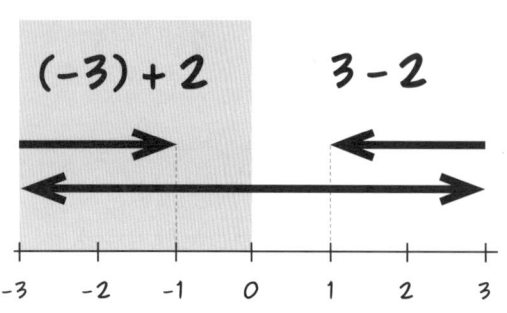

절댓값을 이용해서, 음이든 양이든 상관없이, 두 수를 더하는 단계적 방법을 정리하면 오른쪽 표와 같다.

양수 + 양수	음수 + 음수
그냥 더한다.	절댓값들을 더한 다음, 음수로 만든다.

양수 + 음수	
큰 절댓값에서 작은 절댓값을 뺀 다음, 절댓값이 큰 수의 부호를 붙인다.	

예제 1. $4+(-6)$을 계산하라.

4는 양수이고 -6은 음수이니까, 절댓값을 취해서 뺀다.

$$6 - 4 = 2$$

음수인 -6의 절댓값이 더 크기 때문에, 음의 부호를 붙인다.

$$4 + (-6) = -2$$

예제 2. $(-2)+9$을 계산하라.

음수와 양수가 섞여 있으니까, 절댓값을 취해서 뺀다.

$$9 - 2 = 7$$

하지만 이번에는 **양수**인 9의 절댓값이 크기 때문에, 위에서 구한 양수 그대로가 답이다.

$$(-2) + 9 = 7$$

답의 부호를 결정하는 싸움에서는 긴 화살표가 이긴다!

음수를 더하는 또 다른 방법은
돈을 이용하는 것이다….
이것은 인도의 수학자
브라마굽타가 약 1,500년 전에
음수를 발명하면서
생각해낸 방법이다.

내가 미울 거야!

여러분이 소유하고 있는 돈인 **재산**은 양수로 센다.
남에게 빚진 돈인 **부채**는 음수로 센다.

그래서… 재산은 둘을 더하면 그만큼 커진다.

$2 + $3 = $5

빚이 프레드에게 2달러, 프리다에게 3달러가 있다면,
빚은 모두 5달러이다.

$(-2) + $(-3) = $(-5)

재산이 3달러이고 빚이 2달러이면, 재산이 여전히 많다.
빚을 갚더라도 1달러가 남는다.

$3 + $(-2) = $1

재산이 모두 2달러이고 빚이 3달러이면, 빚을 갚기에는
1달러가 모자란다. 여러분은 (-1)달러를 '갖고' 있다.

$2 + $(-3) = $(-1)

결국 앞에서 설명한 덧셈 방법과
동일한 결론에 도달했다.

달러 갈 데가 있겠어?

28

뺄셈

지금까지는 큰 양수에서 작은 양수를 빼는 양수끼리의 뺄셈만 보았다. 하지만 어떤 수든 덧셈을 할 수 있다면, 뺄셈도 또한 할 수 있어야 한다. 이렇게 하면 된다.

뺄셈이 덧셈이라니?

 **어떤 수를 빼는 것은 그 수의 음수를 더하는 것과 같다.**

앞에서 보았던 5-3 = 5+(-3)처럼, 큰 양수에서 작은 양수를 뺄 때는 위의 말이 맞았다. 이제 다른 수에 대해서도 이 방법으로 뺄셈을 **정의**해보자. 예를 들면

$$2 - 3 = 2 + (-3) = -1$$
$$-6 - 7 = -6 + (-7) = -13$$

특히, 음수의 뺄셈은 **그것의** 음, 즉 **양수**를 더하는 것임을 잊지 말아야 한다.

$$9 - (-3) = 9 + 3 = 12$$

−(−3) = 3임을 기억해!

$$-6 - (-2) = -6 + 2 = -4$$

빚을 빼면 부자가 되는 거야!

이것으로, 여러분은 연습문제를 스스로 풀 수 있는 준비가 되었다!

연습문제

1. 덧셈을 하라.

a. $(-4) + 8$
b. $(-3) + (-5)$
c. $9 + (-3)$
d. $|-14.5| + (-15.6)$
e. $\frac{5}{2} + (-2)$
f. $\left(-\frac{1}{2}\right) + \frac{1}{3}$

2. 뺄셈을 하라.

a. $10 - (-9)$
b. $9 - (-10)$
c. $(-9) - 10$

문제 2c에서 괄호를 버리고 간단하게 $-9-10$으로 쓸 수도 있다.

d. $-4 - 8$
e. $4 - 8$
f. $|-4| - 6$
g. $\frac{9}{16} - \frac{7}{12}$
h. $6 - |2|$
i. $|2 - 100|$

3. $-5 + 3 - 6 + 4 + (-2)$의 답은?

4. 다음 두 쌍의 화살표의 합은 양인가, 음인가?

a.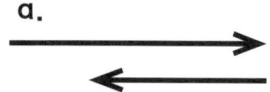
b.
c.
d.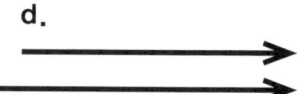

5. 여러분이 수직선 위를 걷고 있다고 하자. 3에서 출발해서 음의 방향으로 6만큼 걸은 다음, 뒤돌아서 양의 방향으로 2만큼 걸었다면 여러분의 최종 위치는? 3 대신 -200에서 출발하여 같은 방법으로 걸었다면, 여러분의 최종 위치는?

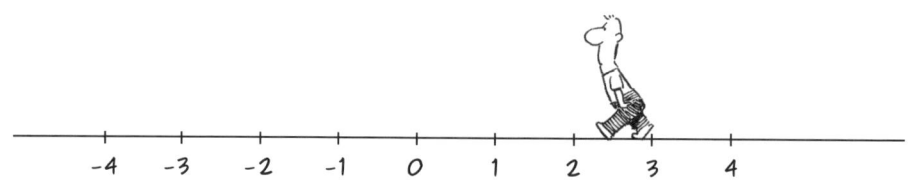

6. 보이스는 호주머니에 5달러를 갖고 있고, 친구인 프랜신에게서 10달러를 빌렸다. 그리고 학교 선거 결과에 대해 내기를 해서 8달러를 잃었다. 보이스의 순자산은 얼마인가?

7. 제시카는 안젤라에게서 5달러를, 바바라에게서 2달러를 빌렸다. 제시카가 가진 돈은 20달러이다.

a. 제시카의 순자산은 얼마인가? (빚은 음수로 취급하여 모두 더한다.)

b. 이제 안젤라가 제시카의 빚 3달러를 탕감해주었다. 즉 제시카는 안젤라에게 3달러를 갚을 필요가 없다. 이것을 음수의 뺄셈으로 식을 써보라.

c. 제시카의 순자산은 최종적으로 얼마인가?

Chapter 3
곱셈과 나눗셈

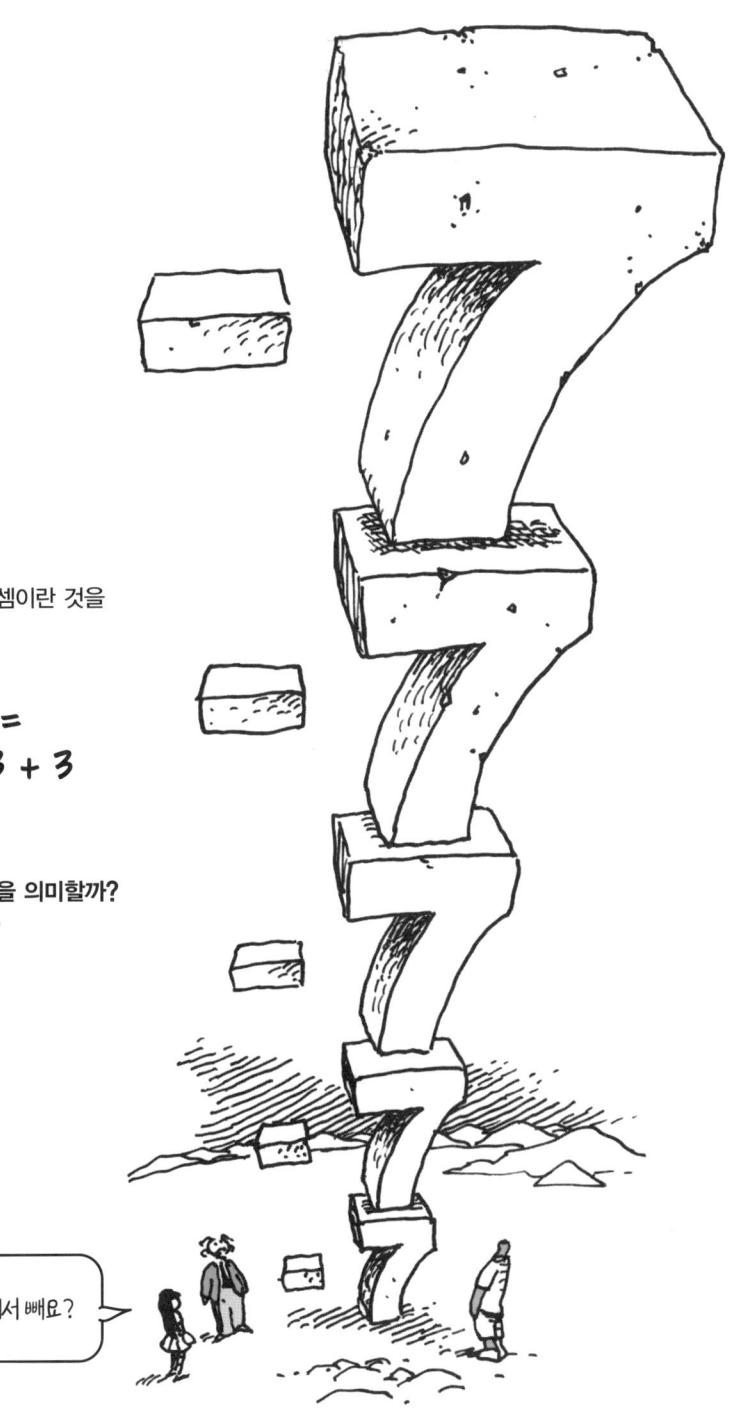

우린 산수에서,
곱셈이 반복적인 덧셈이란 것을
배웠다.

$$4 \times 3 = 3 + 3 + 3 + 3$$

이게 사실이라면,
음수의 곱셈은 무엇을 의미할까?
반복적인 뺄셈일까?

어디에서 빼요?

곱셈의 원리를 알아보기 위해,
브라마굽타와 좀 더 함께하면서
돈을 이용하여 생각해보자.
수평선 위는 플러스 돈이고,
수평선 아래는 마이너스 돈이다.

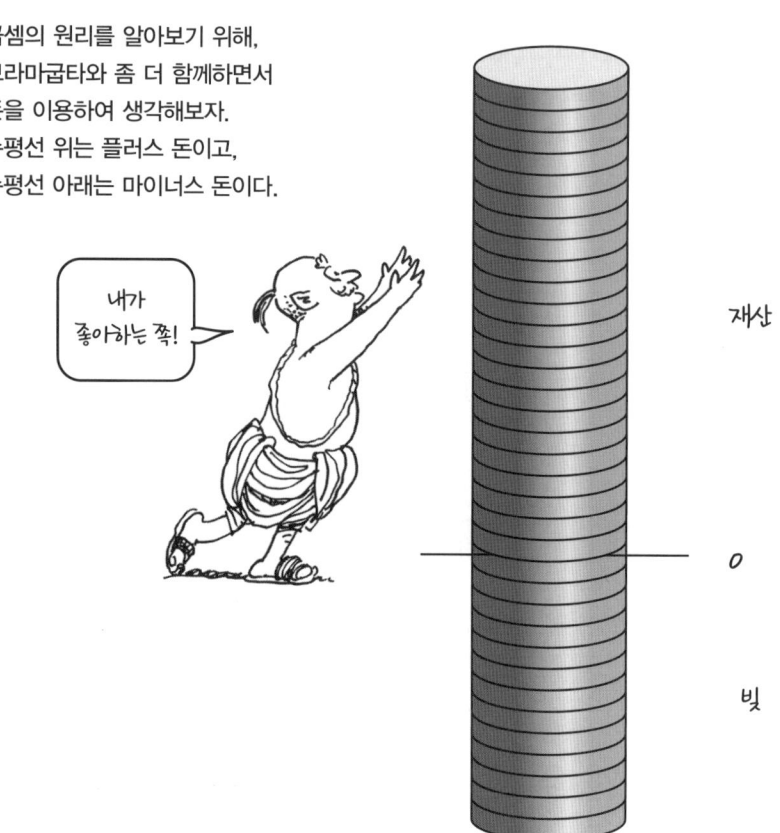

실생활에서는 여러분이 가진 돈은 매일매일 변한다…. 그리고 **시간** 또한 플러스 또는 마이너스가 될 수 있다.
오늘이 0이고, 어제는 -1, 내일은 +1과 같은 식이다. 아래 그림에서 수평선은 **시간선**이다.
어느 날의 재산과 빚은 수평선에 의해 위아래로 갈리는 동전 더미로 표시된다.
위쪽은 재산, 아래쪽은 빚이다. 각 날의 동전 더미는 그 날의 여러분의 재산 상태를 나타낸다.
예를 들어 날수가 4인 때 여러분의 빚은 동전 3개이고, 재산은 동전 14개이다.

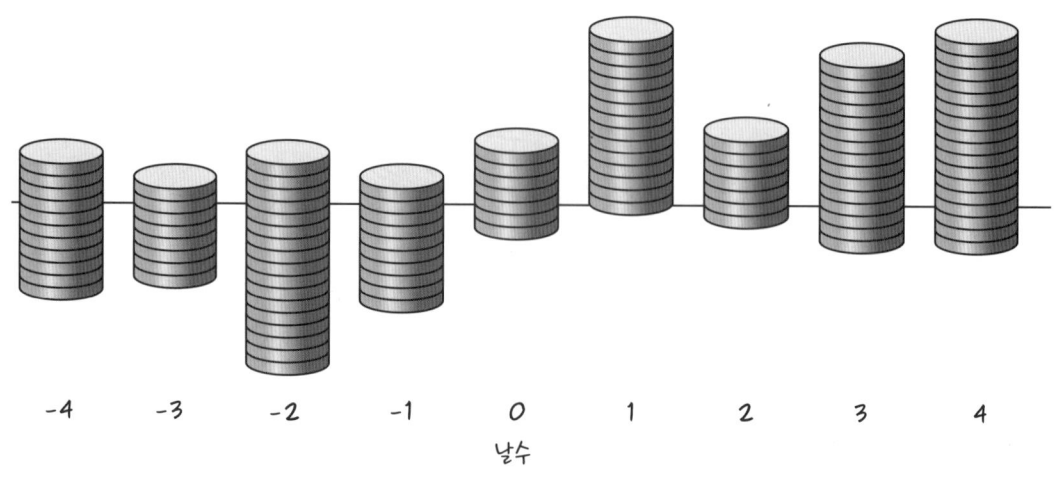

이제 돈과 시간의 곱셈을 해보자. 세리아가 매일 2달러짜리 내기를 계속하고 있다고 하자.
('적자'가 나면, 즉 돈이 0 이하이면 빌려서 내기를 한다. 그리고 오늘이 시간 0이고, 가진 돈은 0달러라고 하자.)

플러스 × 플러스

세리아가 지금부터 매일 2달러씩 딴다면,
3일 후에는 6달러를 갖게 된다.

$3 \times 2 = 6$

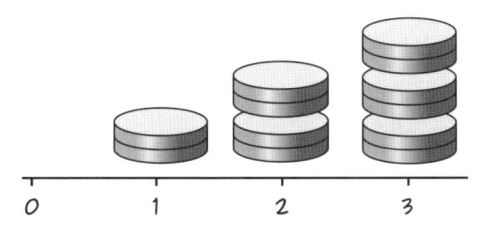

마이너스 × 플러스

세리아가 지금까지 매일 2달러씩 땄다면,
3일 전 그녀의 돈은 -6달러이다.
그래야 오늘 0달러가 된다.

$(-3) \times 2 = -6$

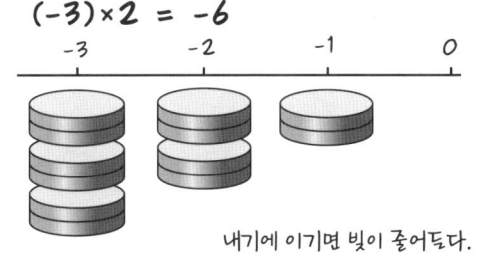

내기에 이기면 빚이 줄어둔다.

플러스 × 마이너스

세리아가 매일 2달러씩 잃었다면,
3일 후에는 -6달러를 갖게 된다.

$3 \times (-2) = -6$

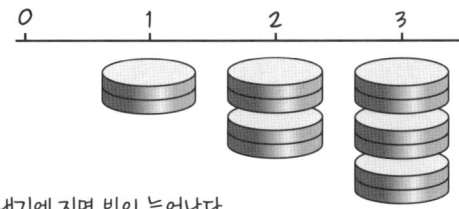

내기에 지면 빚이 늘어난다.

마이너스 × 마이너스

세리아가 매일 2달러씩 잃었다면,
3일 전에는 6달러를 갖고 있었던 것이다.

$(-3) \times (-2) = 6$

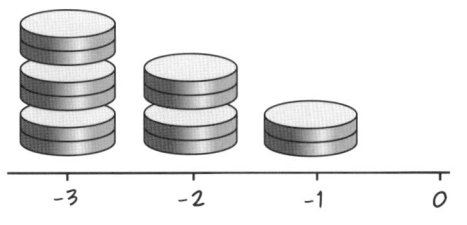

고려대금업자 →

지난주로 돌아가요.
그럼 돈을 줄 수
있어요!

요약하면,
양수와 음수의 곱셈에 대한 부호법칙은 다음 표와 같다.

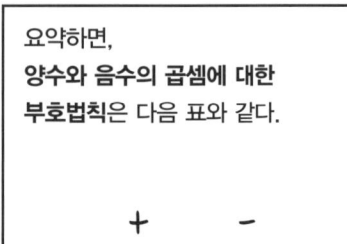

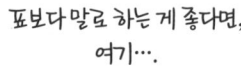
표보다 말로 하는 게 좋다면, 여기…

양수 × 양수 = 양수
음수 × 양수 = 음수
양수 × 음수 = 음수
음수 × 음수 = 양수

예제: 5×(-2) = -10, (-3)(-7) = 21, (-4)×4 = -16

또 다른 방법도 있다.
양수를 곱할 때는
다른 수의 부호를
그대로 두고,
음수를 곱할 때는
다른 수의 부호를
반대로 바꾼다.

$$6 \times (-2) = -12$$

6을 곱한다고 생각하면 답의 부호는 -2와 **같다**.
-2를 곱한다고 생각하면 답의 부호는 6의 부호와 **반대이다**.

음수가 -1일 때는,
먼저 1을 곱한 다음,
다른 수의 부호를
바꾼다.
다시 말해 -1을
곱하는 것은
다른 수를 음수화하는
것과 같다.

$$(-1)(4) = -4$$
$$(-1)(-6) = 6$$
$$(-1)(-1) = 1$$

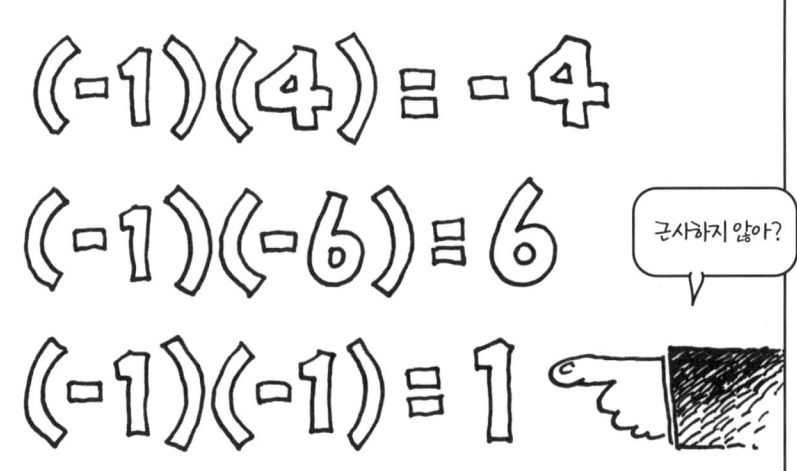
근사하지 않아?

돈을 이용하지 않는 곱셈

두 개의 정사각형으로
이루어진 줄이 세 개 있다.
총 개수는 3×2이다.
두 수의 **곱**은, 각 변이
두 수로 이루어진
직사각형처럼 보인다.

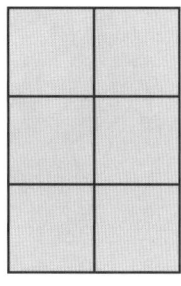

작은 정사각형의 각 변은 1이고, 회색인 직사각형의 면적은
그 속에 들어 있는 정사각형의 개수이다. 그리고
작은 단위정사각형의 면적은 1이다.

각 변의 길이가 정수가 아니어도 상관없다.
다음의 회색 직사각형의 두 변의 길이가
$\frac{1}{2}$과 $\frac{1}{3}$이라고 하자.
(단위정사각형을 크게 확대해서 그렸다.)

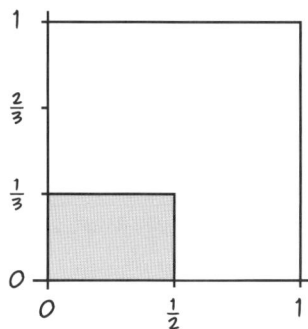

여러분은 회색인 직사각형 여섯 개가 합쳐져서 정확하게
단위정사각형을 이루고 있음을 알 수 있을 것이다.
그래서 회색 직사각형 하나의 면적은 $\frac{1}{6}$이고,
이것은 $\frac{1}{3}$과 $\frac{1}{2}$의 곱이다.

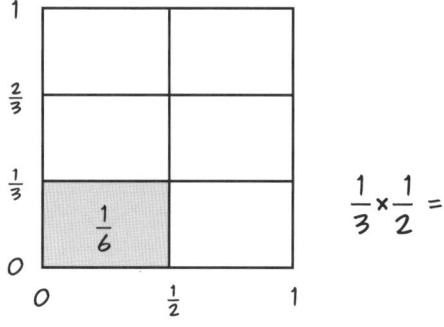

$$\frac{1}{3} \times \frac{1}{2} = \frac{1}{6}$$

다음 그림은 좀 더 복잡한 분수의 곱인 $\frac{5}{3} \times \frac{5}{2}$를
나타낸 것이다. 단위정사각형은 굵은 선으로
표시되어 있다.

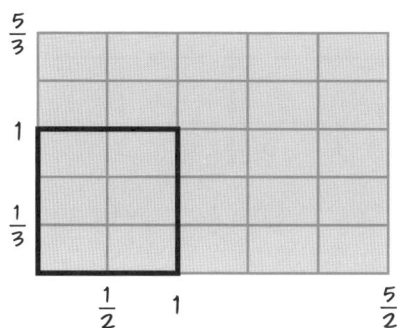

$$\frac{5}{3} \cdot \frac{5}{2} = \frac{25}{6}$$

작은 직사각형의 면적은
각각 $\frac{1}{6}$이고,
총 개수는 5×5 = 25개이다.

변의 길이에 상관없이 이 그림을 써먹을 수 있다.
직사각형의 면적은 두 변의 길이를 곱한 값이다.

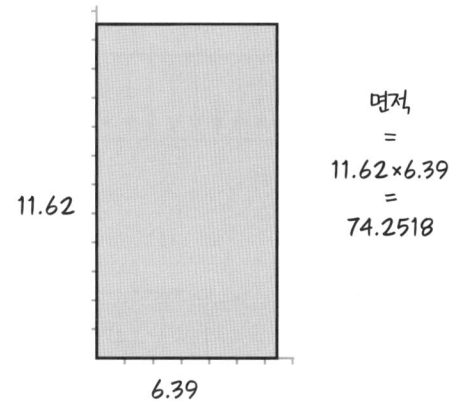

면적
=
11.62×6.39
=
74.2518

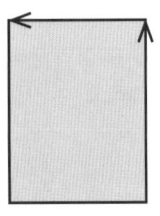

변이 음수인 직사각형을 그려서
계속할 수도 있지만, 그럴 만한 가치가 없다.
대신에 곱셈을 설명하는
다른 그림을 그렸다.
(이 그림은 다른
대수학 교과서에서는
볼 수 없는 거야…)

우리만의 작은 비밀로 남겨두자구!

이 그림은 사진을 확대하거나 축소할 때와 같은 '크기 조정'으로 곱셈의 방법을 보여준다.
다만, 사진 대신에 **전체 수직선**의 크기를 조정할 것이다.

여기 두 개의 수직선이 있다.
위에 있는 수직선은 아래에 있는 것보다
눈금의 크기가 두 배가 되도록 늘린다.

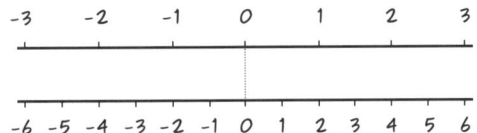

어떤 수와 2의 곱을 찾으려면,
그 수 **바로 아래**를 보기만 하면 된다.

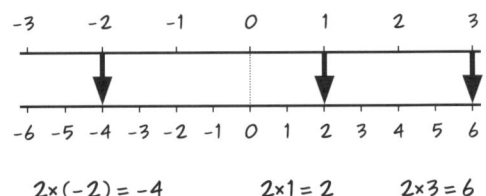

$2 \times (-2) = -4$ $2 \times 1 = 2$ $2 \times 3 = 6$

이것은 꽤 괜찮은 방법이다. 2×3과 같은 곱셈 하나만
보여주는 것이 아니라, 2와 곱해지는 **모든 수**의 곱을
한꺼번에 보여주기 때문이다.

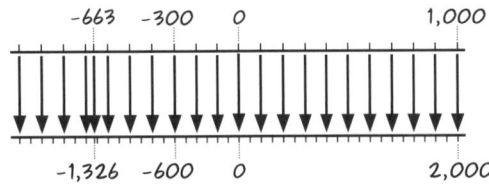

0과 1 사이의 수와 곱할 때는 직선의 크기를
축소하면 된다. $\frac{1}{2}$ 을 곱하는 경우에는
직선의 길이를 절반으로 **압축**하는 것이다.

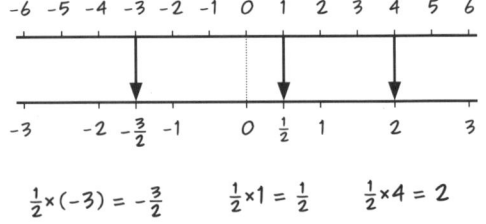

$\frac{1}{2} \times (-3) = -\frac{3}{2}$ $\frac{1}{2} \times 1 = \frac{1}{2}$ $\frac{1}{2} \times 4 = 2$

여러분은 이 장의 마지막에 있는 연습문제에서
이 그림을 가지고 놀 기회를 갖게 될 거야.

그래, 어쨌든, 꽤 괜찮다고 생각해!

나눗셈

어떤 것을 양의 정수로 나눈다는 것은, 그것을 동일한 여러 개의 부분으로 나눈 다음,
그중 하나의 크기를 측정한다는 의미다.
예를 들어 다음 그림은 6÷2를 나타낸 것이다.

6단위를 똑같은 두 그룹으로 나누면,
각 그룹에 3단위가 들어 있는 것을
볼 수 있다. 그래서 6÷2 = 3 이다.

그룹을 다른 방법으로 나눌 수도 있다.
여러분이 두 그룹을 어떤 방법으로 나누든 간에, 각 그룹에 들어 있는 것은 3단위에 해당된다.

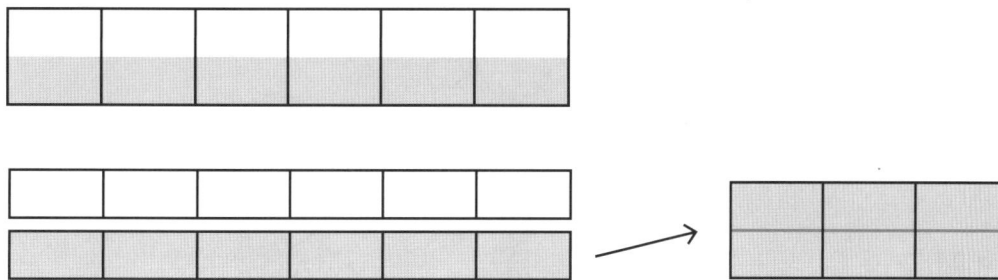

또한 이 그림은 2로 나누는 것이 $\frac{1}{2}$을 곱하는 것과
같다는 것을 보여준다.

이런 이유 때문에, 대수학에서는
나눗셈 기호인 ÷를 거의 사용하지 않는다.
대신에 분수를 나타내는 기호인 ─ 또는 /를
사용한다. 두 기호는 서로 같은 것이다!

6/2, '6개의 절반'

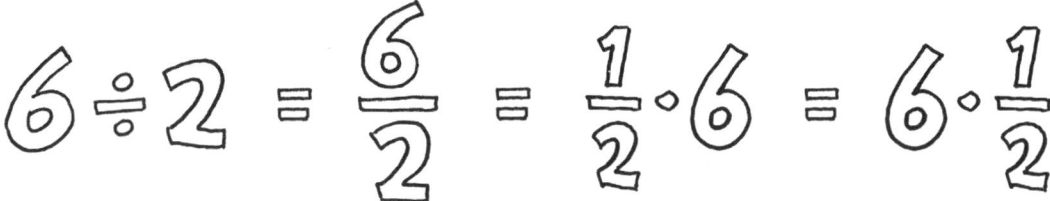

두 수 2와 $\frac{1}{2}$은 서로 **역수** 관계라고 한다. 이 말은 두 수의 곱이 1이라는 뜻이다. 서로의 곱이 1인 두 수는, 어떤 수이든 간에 각 수가 다른 수의 역수이다. 6과 1/6, 1,000과 1/1,000, 32.642와 1/32.642이 모두 그렇다.

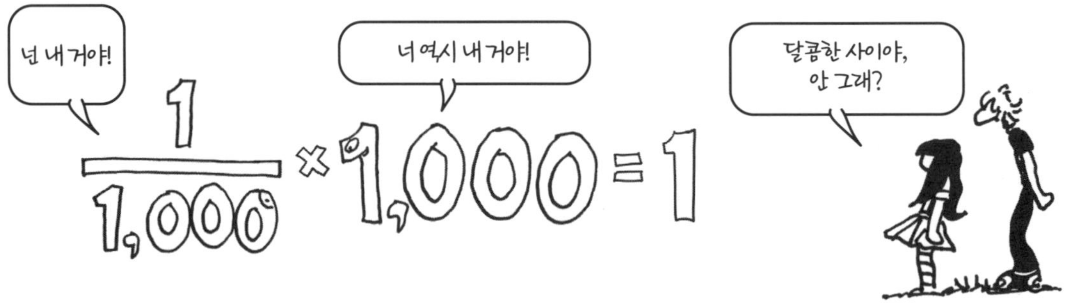

> 넌 내거야!

> 너 역시 내거야!

$$\frac{1}{1,000} \times 1,000 = 1$$

> 달콤한 사이야, 안 그래?

0을 제외한 어떤 수도, 나눗셈이나 계산기로 그 역수를 찾을 수 있다.
단, 0 × 어떤 수 = 0이기 때문에, 0은 역수가 없다.
다음과 같은 방정식을 만족하는 수는 **없다**.

> 1/(32.642) = 0.030635377734207…

> (0.030635377734207…) × (32.642) = 1

$$0 \times 어떤 수 = 1$$

0이 아닌 수는 모두 역수를 갖고 있다.

여기서 말하고 싶은 것은, **어떤 수로 나누는 것은 그 수의 역수로 곱한다는 것과 같다는 것**이다.
단, 0으로 나누는 것은 절대 안 된다.

$$7 \div 5 = 7 \times \frac{1}{5}$$

> 슬퍼…. 분수 기호 아래로 내려앉았어. 오, 이런… 누구나 당할 수 있는 일이야, 그럴 거야….

> 난 예외야, 휴우!

우린 $\frac{1}{2}$의 역수가 2 또는 2/1인 것을 안다. 2/1는 $\frac{1}{2}$을 거꾸로 뒤집은 것이다. 똑같은 방법으로, **어떤** 분수라도 단순히 그것을 거꾸로 뒤집으면 역수가 된다.

분수의 경우, 거꾸로 뒤집는다는 것은 분수 기호 아래의 **분모**와 기호 위의 **분자**를 **서로 바꿔서** 새로운 분수를 만든다는 뜻이다. $\frac{2}{3}$는 $\frac{3}{2}$이 되는 것이다. 물론, 분수를 **두 번** 뒤집으면 다시 원래의 분수가 된다. 그래서 이 짝은 서로가 서로의 역수인 관계다.

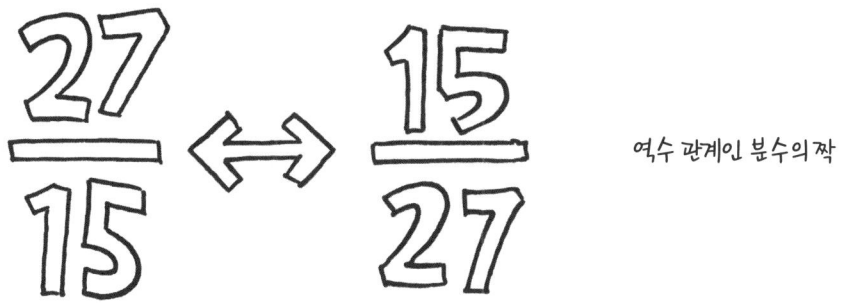

역수 관계인 분수의 짝

여러분은 역수 관계인 분수의 짝을 서로 곱하면 1이 되는 것을 확인할 수 있다. 분자끼리의 곱과 분모끼리의 곱이 서로 같기 때문에, 두 분수의 곱은 1이 되는 것이다.

$$\frac{3}{2} \cdot \frac{2}{3} = \frac{3 \times 2}{2 \times 3} = \frac{6}{6} = 1$$

이제 여러분은, 분수로 나눌 때는
'그 분수를 역수로 만들어서 곱하면 된다'라는
이상한 법칙을 어느 정도 이해할 수 있을 것이다.
우리에게는 나눗셈이 역수의 곱셈을 **의미하고**,
분수의 역수는 거꾸로 뒤집는 것이다.

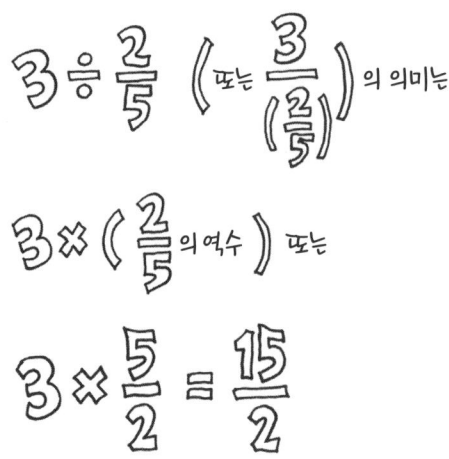

이 잘생긴 법칙 때문에 우리는 나눗셈을
뭔가를 찢는 것으로 이해할 필요가 없어졌다.
양의 정수로 나누는 경우에는 찢는 것으로
이해해도 문제가 없다. 하지만 뭔가를, 말하자면
54/17개의 조각으로 어떻게 '찢을' 수 있겠는가?

답: 이제 **전혀 걱정할 필요가 없다!**
그냥 역수를 곱해주면 된다.

이 장의 끝에 있는
연습문제에서,
분수로 나누는 나눗셈의
또 다른 방법을
보여줄 것이다.

음수인 분수와 역수

34쪽에서 보았듯이, 어떤 수에 -1을 곱하면 그 수가 음수화된다. -1도 예외가 아니다. 즉 (-1)(-1) = 1이다. 다시 말해, -1은 자신의 역수다!

$$\frac{1}{-1} = -1$$

이제 낯익은 양수를 음수로 나눠보기로 하자. 예를 들어 3/(-4)의 경우,

$$\frac{3}{-4} = \frac{1 \times 3}{-1 \times 4}$$
$$= \frac{1}{-1} \times \frac{3}{4}$$
$$= (-1)\frac{3}{4}$$
$$= -\frac{3}{4}$$

수직선 위에 $-\frac{3}{4}$을 위치시켜보면, 이 수가 보통의 음수임을 알 수 있다.

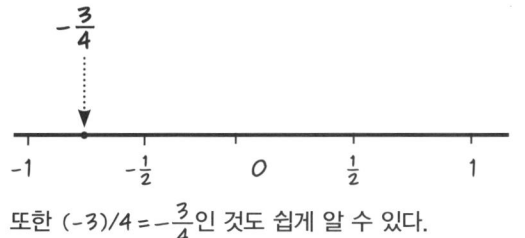

또한 $(-3)/4 = -\frac{3}{4}$인 것도 쉽게 알 수 있다.

즉 음수를 양수로 나누거나 양수를 음수로 나누면 음수가 된다. 또한 음수 나누기 음수는 양수가 된다. 왜냐하면,

$$\frac{-2}{-7} = \frac{(-1) \times 2}{(-1) \times 7} = \left(\frac{-1}{-1}\right)\left(\frac{2}{7}\right) = \frac{2}{7}$$

↑ 분모와 분자가 같으니까 1   ↑ 양수

다시 말해서, 나눗셈에 관한 부호법칙은 곱셈의 경우와 똑같다.

$$\frac{양수}{음수} = \frac{음수}{양수} = 음수$$

$$\frac{음수}{음수} = \frac{양수}{양수} = 양수$$

특히, 음수의 역수는 음수이고, 음수인 분수의 역수는 마이너스 부호를 그대로 둔 채로 그 분수를 거꾸로 뒤집은 것이다.

$$\left(-\frac{3}{4}\right)\left(-\frac{4}{3}\right) = \frac{(-3) \cdot (-4)}{4 \times 3}$$
$$= \frac{12}{12}$$
$$= 1$$

이제 연습문제를 풀어보자!

연습문제

1. 다음 곱셈을 하라.

a. $9 \times (-3)$
b. $(-2)(-2)$
c. $(-2)(-3)(-4)$
d. $\left(\frac{2}{3}\right)\left(-\frac{3}{4}\right)$
e. $\left(-\frac{1}{2}\right)(50)$
f. $\left(-\frac{1}{2}\right)\left(-\frac{1}{2}\right)$
g. $(-1)(6+3)$
(주의: 괄호 안의 덧셈을 먼저 해야 한다.)
h. $(-1)(2-4)$
i. $0 \times (-0.3569)$

2. 다음 나눗셈을 하라.

a. $15/(-3)$
b. $\frac{-20}{-4}$
c. $\frac{0}{-5}$
d. $\frac{-3{,}507.89}{1}$

3. -2의 역수는? $-\frac{1}{3}$의 역수는? 0은 역수를 갖고 있는가?

4. $\left(\frac{3}{2}\right)\left(\frac{2}{3}\right)(50)$의 값은?

5. $\left(\frac{7}{8}\right)\left(\frac{8}{7}\right)(-31)$의 값은?

6. 다음에 두 개의 수직선이 있다. 위의 직선은 길이가 3배로 확대되어 있다.

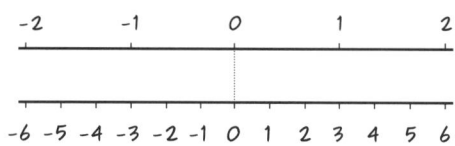

a. 위 직선의 1 아래에 있는 아래 직선 상의 수는?
b. 위 직선 상의 $\frac{1}{3}$은 아래 직선 상의 어떤 수 위에 있는가?

7. 6번 문제의 수직선 그림에서 위의 직선이 2/3배로 조정되고, 아래 직선은 그대로인 그림을 그려라. 위 직선에서 3/2의 위치는?

8. 6번 문제의 수직선 그림에서 위의 직선이 어떤 수인 a배로 조정된 경우, a는 아래 직선에서 어디에 있는가? 그 수의 역수인 $\frac{1}{a}$은 위 직선에서 어디에 있는가?

9. 8번 문제에서 a가 -1이면 수직선 그림은 어떻게 변할까?

10. 케이크 한 개와 $2\frac{1}{2}$개의 접시가 있다. 이 케이크를 $2\frac{1}{2}$개로 나누면 어떻게 되는가?

음, $2\frac{1}{2} = 5/2$이니까, 눈 질끈 감고 법칙에 따른다. 즉 이 수의 역수인 2/5를 한 개의 케이크에 곱해준다.

$$1 \times \frac{2}{5} = \frac{2}{5}$$

답은 2/5케이크다. 케이크를 배분하려면, 5조각으로 나눠야 한다.

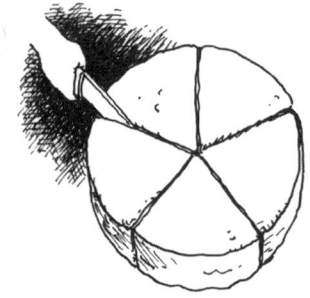

우선 온전한 접시에는 두 조각씩 담고, 반쪽 접시에는 남은 한 조각을 담는다.

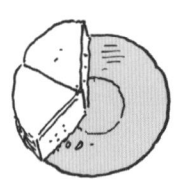 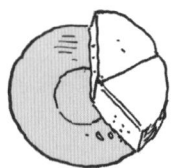 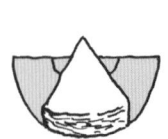

자, 봐! 케이크는 정말로 $2\frac{1}{2}$ 부분으로 쪼개졌다! 하나의 '부분', 즉 $1 \div 2\frac{1}{2} = 2/5$는 온전한 접시에 담긴 케이크의 양이다. 반쪽 부분은 반쪽 접시에 담겼다.

이제 접시가 $2\frac{1}{3}$개라고 하자. 똑같은 방법으로 풀어볼 수 있겠지? (이 경우에는 7/3로 나누면 된다.) $2\frac{2}{3}$개인 경우는? $10\frac{3}{4}$개인 경우는?

Chapter 4
식과 변수

덧셈, 뺄셈, 곱셈과 같은 행위는 마치 건강하지 못한 수들을 수술하는 것과 같다.
그래서 수학에서는 이런 행위를 수술(operation)과 같은 의미인 '연산(operation)'이라고 한다.

이 장에서는 여러 가지 연산을 결합하여 식을 만들 것이다….
이 식에는 수들뿐 아니라 문자인 '**변수**'들도 포함된다.
이 장을 공부하고 나면 아래와 같은 것들을 수술할 수 있게 될 것이다.

몸을 수술하는 대신, 책장을 만드는 일로 시작하자.
선반은 5개이고 길이는 각각 3피트이다.
그래서 선반의 총 길이는

 피트

(알아, 알아, 15피트인 거, 하지만 지금은
그게 중요한 게 아냐….)

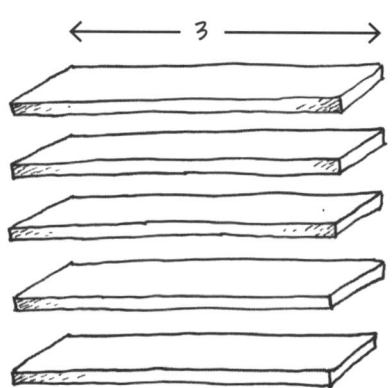

4피트 길이의 옆판 2개를 추가하면, 필요한 나무판은… 다음만큼 더 있어야 한다.

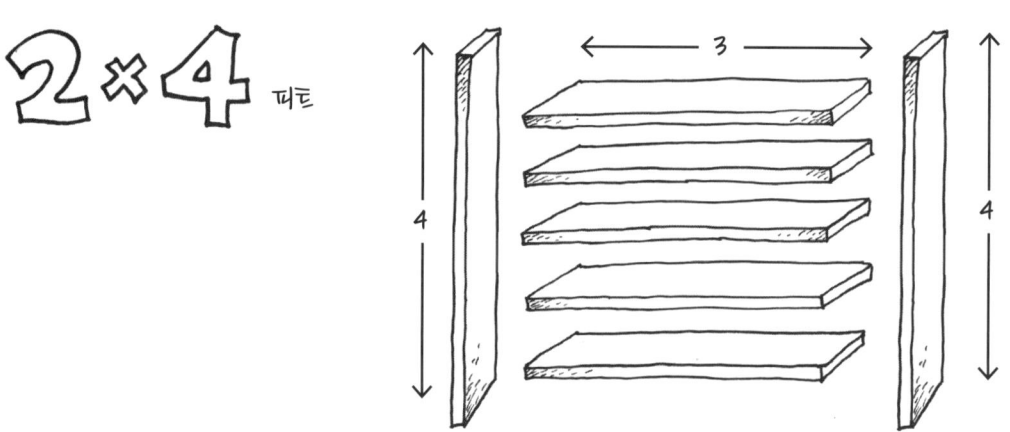 피트

선반과 옆판을 포함하여, 필요한 모든 나무판의 총 길이를 **수식**으로 나타내면 다음과 같다.

(5×3) + (2×4)

"4개의 숫자와, 여러 개의 연산이라!"

"책장 만들면서 외과의사를 부를 사람이 누구요?"

여러분은 괄호의 의미를 이미 알고 있을 것이다. 괄호 안의 연산(앞 수식의 경우 곱셈)을 **먼저** 하고, **그다음** 괄호 밖의 덧셈을 해야 한다. 연산을 한 결과가 식의 **값**이다.

먼저, 괄호 '안'

$5 \times 3 = 15$
$2 \times 4 = 8$

그다음에 덧셈

$15 + 8 = 23$

식의 값!

괄호는 그 위치가 중요하다.
연산의 순서가 달라지면, 식의 값도 달라지기 때문이다.

$(5 \times 3) + (2 \times 4) = 15 + 8 = 23$
$5 \times (3 + 2) \times 4 = 5 \times 5 \times 4 = 100$

숫자도 같고, 연산도 같은데, 순서만 달라!

이 점에서 수학은 수학계 밖의 세상과 다를 바가 없다.
즉 어떻게 시작했느냐에 따라 결과가 달라진다.

순서가 정말 중요하긴 하지만, 괄호를 너무 많이 사용하면 식이 누더기가 될 수도 있다.

가급적 괄호의 개수를 줄이는 것이 분명히 좋다…. 그래서 수학계는 연산의 순서를 정하는 법칙에 합의했는데, 이를 혼합계산의 법칙이라고 한다.

괄호가 없으면, 곱셈과 나눗셈을 먼저 한 다음 덧셈과 뺄셈을 한다.

이 법칙에 따라, 나무판 식은 다음과 같이 쓸 수 있다.

$$5 \cdot 3 + 2 \cdot 4$$

곱셈을 먼저 하기 때문에, 계산을 틀리게 할 위험이 없다.

예제:

1. $1 - 2 \cdot 3$의 값을 계산하라.

풀이: 괄호가 없으니까, 곱셈을 먼저 한다. $2 \cdot 3 = 6$. 그다음 뺄셈을 하면, $1 - 6 = -5$.

2. $1 - \dfrac{4}{-2}$의 값을 계산하라.

풀이: 나눗셈을 먼저 한다. $4/(-2) = -2$. 그다음 뺄셈을 한다. $1 - (-2) = 3$.

3. $3(4/6 + 2 \cdot 7)$의 값을 계산하라.

풀이: 괄호가 있으니까, 괄호 안의 식을 먼저 계산한다! 괄호 안의 식에는 곱셈, 나눗셈, 덧셈이 섞여 있으므로 곱셈과 나눗셈을 먼저 한다. $4/6 = 2/3$, $2 \cdot 7 = 14$. 이제 더한다. $14 + \dfrac{2}{3} = 44/3$.
괄호 안의 계산이 끝났기 때문에 3을 곱한다.

$3(44/3) = 44$

이제,

대수학으로!

이 페이지부터,
오랫동안 함께했던 익숙한 산수의 땅을 떠나
새로운 대수학의 약속된 땅으로 가자.

먼저 우리의 책장에 관해 질문을 던지는 것부터 시작하자. **임의의 길이**의 선반 5개를 가진
높이 4피트의 책장을 만들려고 한다. 이때 필요한 모든 나무판의 길이를 수식으로 쓸 수 있을까?

물론 우리는 할 수 있다! 선반의 길이를 '길이'로 쓰면,
책장에 사용되는 모든 나무판(5개의 선반과 2개의 옆판)의
길이는,

$$5 \times 길이 + 2 \times 4$$

이 식 자체가 수는 아니다.
하지만 선반의 길이만 알면
당장 어떤 수로 변하는 식이다.

식 5×길이 + 2×4 안에 있는 '길이'를 **변수**라고 한다. 왜냐하면 이것이 여러 가지 값으로 **변하는** 선반의 길이를 대표하기 때문이다.

3 또는 3.1 또는 3.1267 또는 3.12678처럼….

오케이, 오케이! 이해했어요!

또한 우리는 책장의 **높이**도 4피트로 고정시키지 않고 변경시킬 수가 있다. 이 경우, 나무판의 총 길이는 다음 식과 같다.

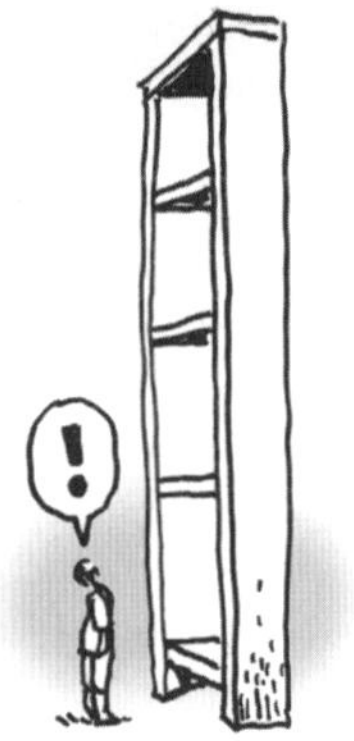

5×길이 + 2×높이

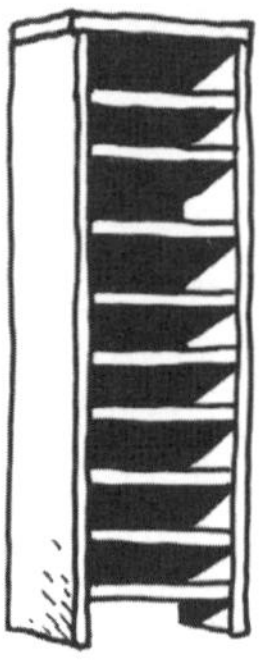

선반의 **개수** 또한 변할 수 있다. 선반의 개수를 '개수'라고 하면, 식은 다음과 같아진다.

개수×길이 + 2×높이

이 식은 나무판의 총 길이를 나타낸다.

'개수', '길이', '높이'라는 용어는 모두 변수다.
변수가 하나 이상 포함되어 있는 식을 **대수식**이라고 한다.

책장인데, 책은 어디 있죠?

이건 대수식 진열장이야. 변수들이 들어 있지!

거리 시간
몸무게 나이
속력 가격 세율
타수 안타

방금 본 '길이'와 같은
변수의 이름은 단어 자체를
사용한 것인데, 이런 식으로
변수를 사용하는 분야가
실제로 있다.
예를 들면 컴퓨터 프로그래머는
그들만의 방식으로
긴 변수의 이름을
그대로 사용한다.
오른쪽의 샘플을 보라.

```
PROCEDURE ReadSchedClrArgs(

    VAR StartDay, EndDay: DayType;
    VAR StartHour, EndHour: HourType;
    VAR Error: boolean);
    VAR InputHour: integer;

    FUNCTION MapTo24(Hour: integer): HourType;
        CONST
                    { AM/PM time cut-off. }
    LastPM = 5;
            BEGIN
    IF Hour <= LastPM THEN
        MapTo24 := Hour + 12
        ELSE
            MapTo24 := Hour
                    END;
```

하지만 대수학에서는 거의 대부분의 경우 변수를 **하나의 문자**로 줄여서 사용한다.
수식을 이리저리 정리할 때 변수를 계속 반복해서 써야 하기 때문에, 간편한 것이 좋다.
대수학은 문자메시지와 비슷하다!

오른쪽 식은, 앞에 나왔던
나무판의 총 길이를 나타내는 식에서,
변수를 문자로 바꾼 것이다.
문자를 쓰면서 곱셈 기호가
완전히 사라졌다.
대수학에서는,
**두 개의 인수를 나란히 붙여 쓰는
형태로 곱셈을 나타낸다.**

$$5L + 8$$
$$5L + 2H$$
$$nL + 2H$$

* 짧지만 의미는 그대로다.

다른 사례들

시속 60마일의 일정한 속력으로 달릴 때, t시간 동안 달린 거리는,

60t 마일

사각형의 **면적**은 높이 h와 밑변 w의 곱이다. 즉,

면적 = hw

사각형의 둘레는 사각형의 모든 변의 길이를 합한 것이다. 둘레는 다음과 같다.

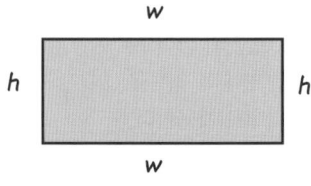

2h+2w (각 변의 길이를 2배한 후, 더한다) 또는
2(h+w) (높이와 밑변을 더한 다음, 2배한다)

내가 사는 곳에서는, **판매세율**이 8퍼센트 (즉 8/100 = 0.08)이다. 가격이 p라고 표시된 물건을 사면, 판매세는 0.08p가 된다. 그래서 이 물건값으로 내가 실제로 지불해야 하는 돈은 표시된 가격과 판매세의 합, 즉

p + 0.08p

여러분이 걸어가기로 계획한 거리가 100마일이고, 지금까지 x마일만큼 걸었다면, 남은 거리는

100 − x

대수식은 문자메시지처럼 읽으면 된다. 한 번에 하나의 문자나 수 또는 기호를 읽는다. 물론 괄호는 예외다. 괄호 안에 들어 있는 것은, 그것이 무엇이든 하나의 '양(量)'으로 취급한다.

식	읽기	의미
$a + x$	"에이 더하기 엑스"	두 수의 합
$5y$	"오 와이"	5와 어떤 수의 곱
$\dfrac{x}{2}$	"이 분의 엑스"	어떤 수의 절반
$-a$	"마이너스 에이"	어떤 수의 음
$5T + 1$	"오 티 더하기 일"	어떤 수의 5배와 1의 합
$5(x + 1)$	"오 곱하기 괄호 열고 엑스 플러스 일 괄호 닫고"	어떤 수와 1의 합의 5배

식의 값 구하기

수식과는 달리 대수식은 정해진 값이 없다. $5L+8$은 수가 아니다. L의 값에 따라 하나의 수를 정확하게 계산하는 방법을 보여주는 일종의 숫자 요리법이다.

L의 어떤 값에 대한 $5L+8$의 값을 찾기 위해서는, 위의 그림처럼 L에 그 수를 '대입'하여 계산해야 한다. 이것을 **변수의 특정값**에 대한 **식의 값**이라고 한다.

식의 값 구하기 예제 1.

$p=50$일 때, $p+0.08p$의 값을 구하라.

1단계. 식에 포함되어 있는 모든 p에 50을 대입한다.

$$50 + (0.08)(50)$$

2단계. 계산을 한다.

$$50 + (0.08)(50) = 50 + 4 = \mathbf{54}$$

변수가 1개 이상인 식의 경우에도, 변수의 값이 주어지면 식의 값을 구할 수 있다.

식의 값 구하기 예제 2.

$h=3$, $w=7$일 때, $2(h+w)$의 값을 구하라.

1단계. 각 변수에 주어진 값을 대입한다.

$$2(3+7)$$

2단계. 계산을 한다.

$$2(3+7) = 2 \times 10 = \mathbf{20}$$

'변수' 알아보기

변수의 사용법을 배우는 것은
새로운 언어를 익히는 것과 같다.
처음에는 모든 것이 이상하게 보이지만,
시간이 갈수록 점차 익숙해진다.

이런 언어를 배우는 이유는 뭘까? 먼저, 변수는 수학적 문장을 명료하게 나타내는 데 큰 도움이 된다.
변수라는 개념이 없었던 시절(대략 1,500년 이전)에는 이 미지의 정해지지 않은 양을 '그것'이라고 불렀다.
그리고 이런 식으로 말했다.

지금은 '그것' 대신에 x라는 문자를 사용하며,
위의 말을 다음과 같이 식으로 나타낸다.

$$5x - 2(x + 6)$$

그 시절에는 작은 문자라도 나타나면
모두 질색을 했다.

기호는 여자가 할퀸 상처와
같은 것이다…. 절대로 기호가
밖으로 드러나서는 안 된다.
화장실에서 있었던 가장 흉한
생리 현상보다도 더 숨겨야 한다.

우웩!

그러나 대부분의 수학자들에게는, 변수를 한 문자로 쓰는 것이 하나의 선물이었고,
거부하기에는 너무 값진 새 장난감이었다. 엄청 유용했던 것이다.
이렇게 '단순화'된 대수학은 아름다운 수학과 과학의 새로운 세계를 열었다….

해석기하학! 미적분학! 벡터 공간!
정수 이론! 측도 이론! 복소수 해석학!
대수적 위상수학! 네트워크 이론! 기호논리학!
천체역학! 전자기 이론! 신호 분석!

현대 수학은 현대 세계를 만들었다.
정말로, 대수학이 없었다면, 우리는 전기, 라디오,
텔레비전, 전화기, 음악 플레이어, 컴퓨터, 비행기,
의학 영상 촬영장치, 냉장고, 로봇, 로켓 등을
가질 수 없었을 것이다.

염병할것들
같으니라구!

이 기호들은 등호인 =와 친척뻘이다.
<는 '~보다 작다'를 의미하고,
>는 '~보다 크다'를 의미한다.

변수들을 가지고 수식을 만들어보자. 여기서 a와 b는 **임의의 두 수**이다.

$a < b$는
수직선에서 a가 b의
좌측에 있다는 뜻이다.

$a > b$는 반대로
a가 b의 우측에
있다는 뜻이다.

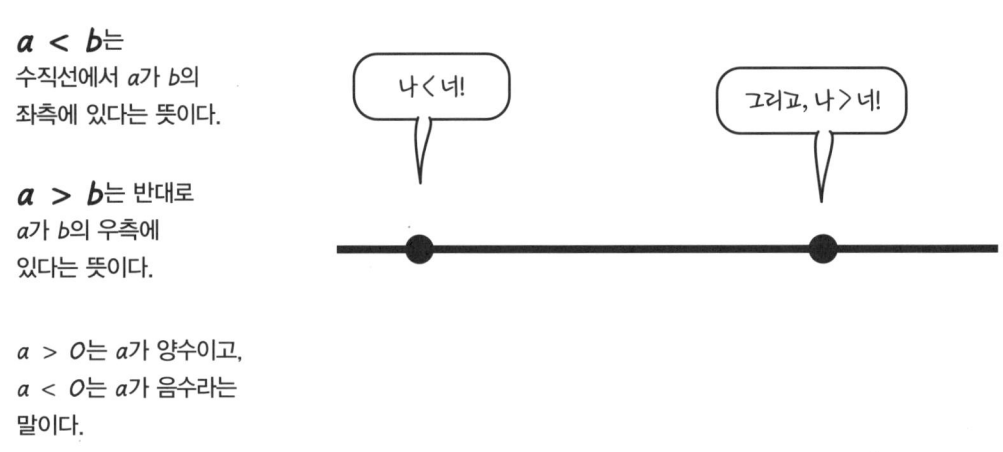

$a > 0$는 a가 양수이고,
$a < 0$는 a가 음수라는
말이다.

또한 우리는 '~보다 작거나 같다'는 기호 ≤와,
'~보다 크거나 같다'는 기호 ≥도 자주 사용한다.
그래서

$a \geq 0$

은 a가 양수이거나
0이라는 뜻이다.
이런 경우, a는
음수가 아닌 수라고 한다.
양수가 아닌 수는
$b \leq 0$인 b이다.

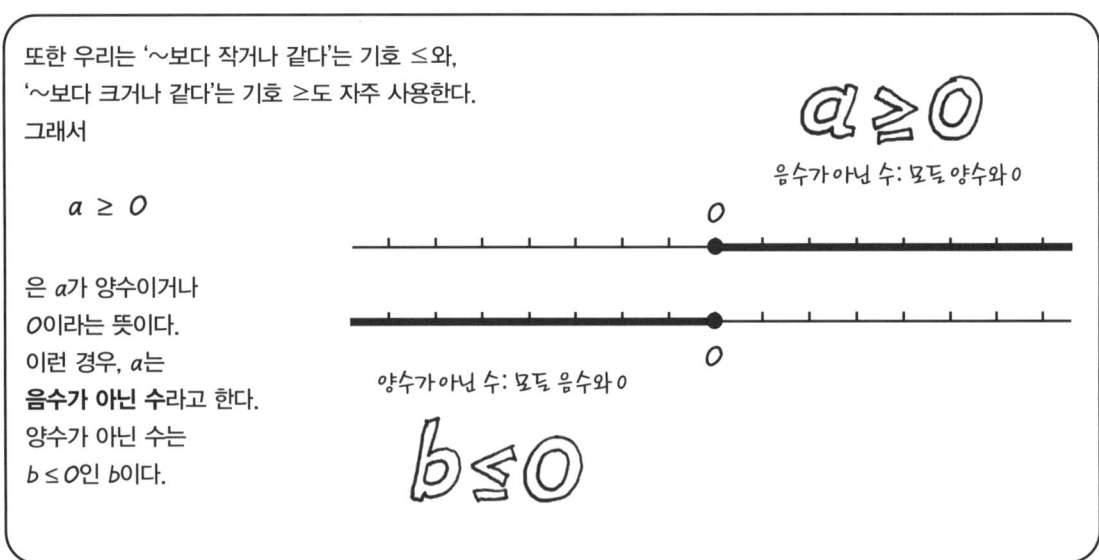

26쪽에서 길게 설명했던 절댓값도 변수를 이용하면 훨씬 쉽고 훨씬 멋지게 쓸 수 있다. 임의의 수 a에 대해, 그 절댓값인 $|a|$는 다음과 같이 정의될 수 있다.

$$|a| = a \quad (a \geq 0)$$
$$|a| = -a \quad (a \leq 0)$$

어떻게 양수인 $|a|$가 '$-a$'가 될 수 있을까? 음수의 음은 양이기 때문이다. (17쪽 참조.)
이상하게 보이겠지만, a가 음수 ($a<0$)이면, $-a$는 양수가 되고, 그래서 $|a| = -a$인 것이다.
예를 들면 $|-5| = -(-5) = 5$이다.

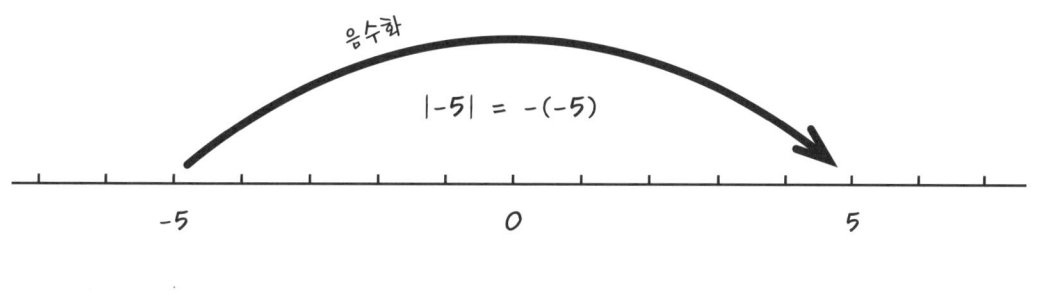

절댓값 기호를 이용하면, 음수의 덧셈에 대한 '대수학적' 정의를 낯익은 양수의 덧셈과 뺄셈으로 나타낼 수가 있다. 양수는 우리가 늘 접하는 것이니까 어려울 게 없다.

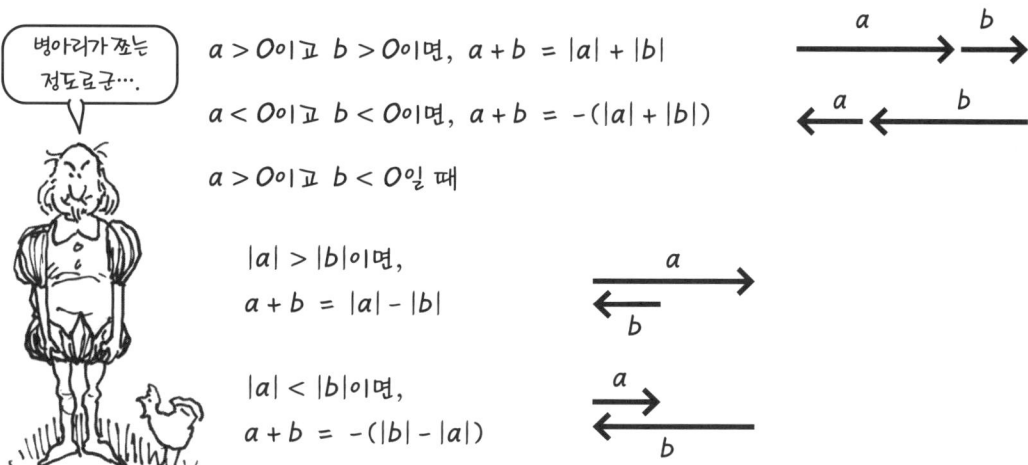

$a > 0$이고 $b > 0$이면, $a + b = |a| + |b|$

$a < 0$이고 $b < 0$이면, $a + b = -(|a| + |b|)$

$a > 0$이고 $b < 0$일 때

$|a| > |b|$이면,
$a + b = |a| - |b|$

$|a| < |b|$이면,
$a + b = -(|b| - |a|)$

연산의 법칙

수나 변수의 연산에는 항상 지켜야 하는
법칙이 있다. 이 법칙을 어기면,
틀린 답을 얻게 될 것이고,
그 대가로 어떤 벌을 받게 될지
누가 알겠는가?

어떤 식의 경우 **수**들의 순서가 중요하지 않은데, 이것이 첫 번째 법칙이다.

교환법칙

임의의 두 수 a와 b에 대하여

$$a+b = b+a$$
$$ab = ba$$

(이 법칙은 실제로는 덧셈과 곱셈에 관한 두 가지 법칙뿐이다.)

다음 그림은 덧셈을 위해 만든 막대로, 두 양수가 표시되어 있다. $a+b$는 이 막대의 길이다.

곱 ab는 가로가 a이고 세로가 b인 사각형의 넓이다.

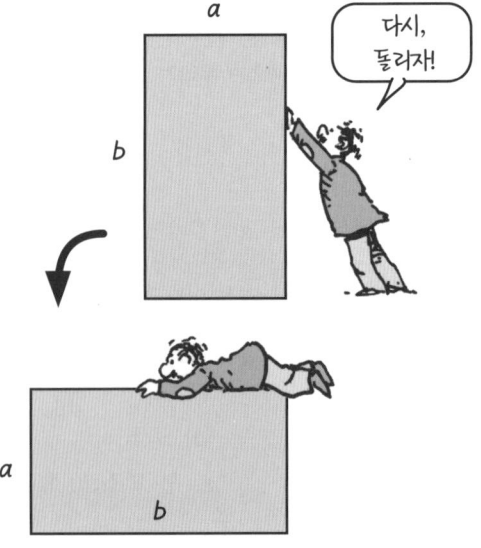

막대를 거꾸로 돌려도 길이는 변하지 않는다. 즉 $a+b=b+a$이다.

옆으로 쓰러진 사각형의 넓이는 ba이다. 사각형을 돌려도 면적은 바뀌지 않는다. 즉 $ba=ab$이다.

연산의 순서가 중요하지 않을 때도 종종 있다.

결합법칙

임의의 세 수 a, b, c에 대하여

$$(a+b)+c = a+(b+c)$$
$$(ab)c = a(bc)$$

덧셈만 있거나 곱셈만 있는 경우에는 어떻게 묶든('결합') 상관없다.

손이 반드시 네개 필요한 건 아니지만, 도움은 되네!

결합법칙의 예:

1. $(2+3)+4 = 5+4 = 9$
$2+(3+4) = 2+7 = 9$

2. $(5 \times 3) \times 6 = 15 \times 6 = 90$
$5 \times (3 \times 6) = 5 \times 18 = 90$

덧셈의 경우, 이 법칙을 설명하는 그림은 정말 간단하다. 아래 선분들은 모두 총 길이가 같다. 어느 부분을 자르든 전체 길이는 변하지 않는다.

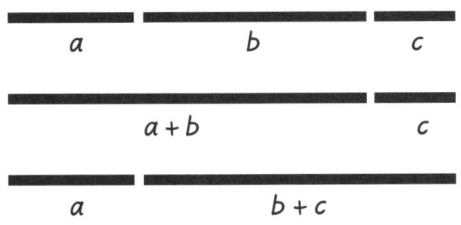

그리고 곱셈의 경우에는…

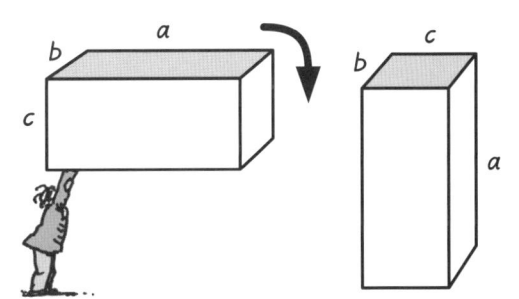

왼쪽 블록은 부피가 $(ab)c$이고, 오른쪽 블록의 부피는 $a(bc)$이다. 이 부피는 서로 같다. 블록을 세운다고 부피가 변하지는 않기 때문이다.

그래서?

이렇게 간단한 법칙이 무슨 소용이 있을까? 사실 세 수를 더하는 방법에는 13가지가 있는데, 여러분은 지금까지 아무런 생각 없이 그냥 덧셈을 해왔다.

1. $a+(b+c)$ 5. $b+(a+c)$ 9. $c+(a+b)$
2. $(a+b)+c$ 6. $(b+a)+c$ 10. $(c+a)+b$
3. $a+(c+b)$ 7. $b+(c+a)$ 11. $c+(b+a)$
4. $(a+c)+b$ 8. $(b+c)+a$ 12. $(c+b)+a$

앞서 말한 두 법칙은, 임의의 세 수 a, b, c에 대하여 이 식들의 값이 모두 같음을 말해주고 있다. 예를 들어 1번의 합과 7번의 합이 같음을 다음과 같이 증명할 수 있다.

우와!

$a+(b+c) = (b+c)+a$ 교환법칙, a와 $b+c$의 순서를 바꾼다.

$= b+(c+a)$ 결합법칙

식들이 모두 같기 때문에, 다음과 같이 괄호를 없애고 간단히 쓸 수 있다.

$a+b+c$

혼동할 위험도 없어졌다. 세 수의 곱인 $(ab)c$, $a(bc)$의 경우도 마찬가지로 다음처럼

abc

괄호 없이 쓸 수 있다. 괄호를 태워버리니까 얼마나 **좋은지** 여러분도 내 심정을 이해할 것이다.

네 개 이상의 수를 더하거나 곱할 경우에도 괄호를 없애고 뒤섞어서 쓸 수 있다.
예를 들어 다음과 같이 써도 된다.

이것이 $(2a)(bc)$, $2(a(bc))$, $((2a)b)c$, $(ab)(2c)$ 중 어느 것인지 신경 쓸 필요가 없다.
사실 이런 것이 116개나 더 있지만, 그 값은 당연히 모두 같다.

결론은, 수와 변수들의 합과 곱은 여러분이 희망하고 기대하는 값을 정확하게 내놓는다는 것이다.
예를 들어 $3x$를 2배 하면 $6x$가 될 텐데, 이것은 다음과 같이 결합법칙에 의해 보장된다.

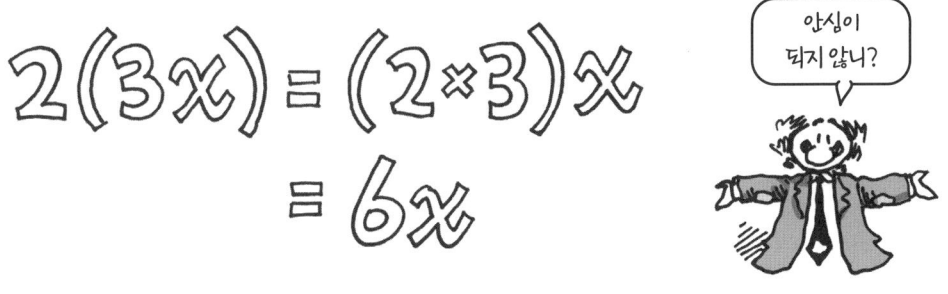

덧셈의 경우에도 두 법칙이 안심해도 좋을 결론을 보장한다. 즉 $a+2$에 3을 더하면,
여러분이 생각했을 $a+5$가 곧, 답이다.

마이너스 부호와 연산법칙

우린 양수에 대한 교환법칙을 $a+b=b+a$로 설명했다. 하지만 a, b가 음수라도 교환법칙은 성립한다. 덧셈은 더하는 순서에 관계없이 값이 같다고 **정의**했기 때문이다. (27쪽 또는 55쪽 참조.) 예를 들면,

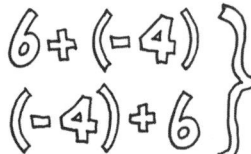
6에서 4를 뺀 다음, 그 답에 6과 동일한 부호를 붙인다. $|6|>|-4|$이기 때문이다.

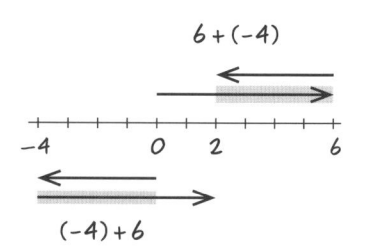

화살표 그림으로 보면, $6+(-4)$는 6의 화살표의 **머리끝**에서 4를 덜어낸다. 반면에 $(-4)+6$은 6의 화살표의 **꼬리끝**에서 4를 덜어낸다. 결과는 똑같이 2이다.

결합법칙도 역시 음수에 그대로 적용될 수 있다.

그래서 플러스와 마이너스 부호가 섞여 있는 덧셈에서 괄호를 없애버려도 된다. 다음 식처럼 말이다.

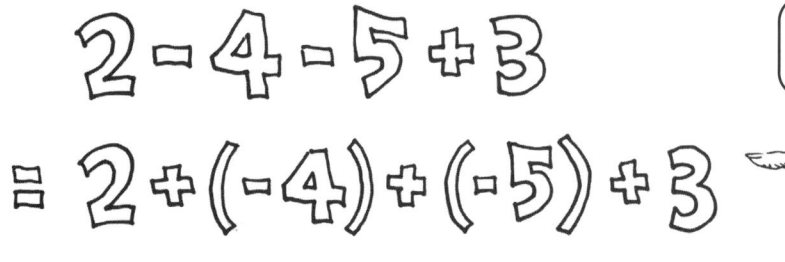

왜냐하면 우린 그게 이거란 걸 알거든!

그리고 다음처럼 음수와 양수를 어떤 순서로 다시 써도 문제될 것이 없다.
아래 식들은 모두 같은 식이다.

$$-4-5+3+2$$
$$-4+3-5+2$$
$$3+2-5-4$$
$$-5+2-4+3$$
$$2-4+3-5$$

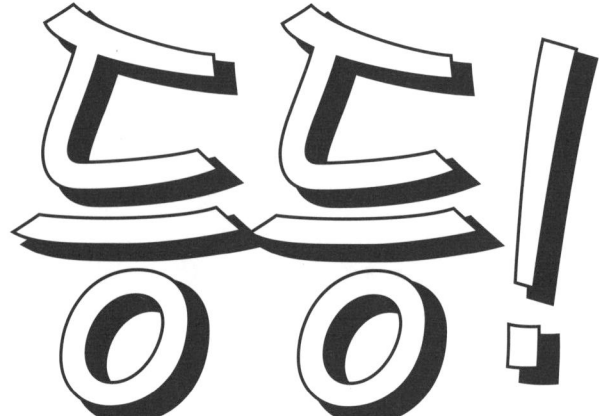

음수가 포함된 긴 덧셈 식을 간단하게 정리해서 편리하게 답을 구하는 방법은 두 가지가 있다.

1. 좌에서 우로 차례로 계산

$$2-4-5+3$$
$$= -2-5+3$$
$$= -7+3$$
$$= -4$$

2. 양수와 음수를 서로 분리해서 각각 더한다.
(뺄셈을 한번만 하면 된다!)

$$2-4-5+3$$
$$= 2+3-4-5$$
$$= 5-9$$
$$= -4$$

변수도 똑같은 방식으로 이동시킬 수 있다.

$$1+x-3 = x+1-3$$
$$= x-2$$

여러 개의 수와 변수들이 곱해진 곱셈의 경우에는, 마이너스 부호들을 분리해서 모두 식의 맨 앞으로 오도록 재정렬하면 된다.

$$a(-2)(-3)(-b)$$
$$= a(-1)2(-1)3(-1)b$$
$$= (-1)(-1)(-1)(2)(3)ab$$
$$= (-1)6ab$$
$$= -6ab$$

(-1)(-1) = 1 이니까

$(-1)(-1) = 1$이기 때문에, **짝수** 개의 마이너스 부호의 곱은 +이고, **홀수** 개의 마이너스 부호의 곱은 -이다.

$$(-a)(-b)(-c)(-d)$$
마이너스 부호 4개, 짝수 $= abcd$

$$(-a)(-b)(c)(-d)$$
마이너스 부호 3개, 홀수 $= -abcd$

지금까지는 덧셈과 곱셈**에서만** 연산법칙에 따라 식을 재정렬할 수 있었다. 다음의 마지막 법칙은 좀 다르다. 이것은 **곱셈**이 **덧셈**을 만나는 경우에 적용되는 것이다.

분배법칙

임의의 세 수 a, b, c에 대하여,

$$a(b+c) = ab + ac$$

어떤 수를 두 수의 합에 곱한 것은
두 개의 '각각의 곱'을 더한 것과 같다.
곱셈이 덧셈에 '분배'되는 것이다.
(세 수 a, b, c가 양수든 음수든 0이든 상관이 없다.)

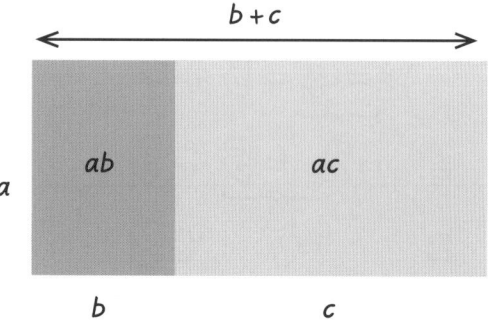

면적이 $a(b+c)$인 큰 사각형은 면적이 각각 ab, ac인 두 개의 작은 사각형으로 이루어져 있다.

결합법칙과 교환법칙은 거의 신경 쓰지 않고 사용하면 된다. **당연히** $2+3 = 3+2$이다!!
하지만 분배법칙은 주의할 필요가 있다.
하나의 인수를 괄호 안에 있는 하나 이상의 항에 밀어넣어야 하기 때문이다.

숫자만 있는 예제:

$$2(5+7) = 2(12) = 24$$

그리고 또한
$$= 2 \times 5 + 2 \times 7$$
$$= 10 + 14$$
$$= 24$$

검산!

변수가 있는 예제:

1. $3(x+1) = 3x + (3)(1) = 3x + 3$

2. $2a(x+3) = 2ax + 6a$

순서는 중요하지 않다는 것을 기억하자.

3. $P + \frac{1}{2}P = (1 + \frac{1}{2})P = \frac{3}{2}P$

4. $ax + 2x = (a+2)x$

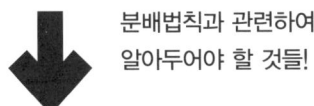
분배법칙과 관련하여 알아두어야 할 것들!

긴 덧셈에 대한 곱셈의 분배

$$a(b+c+d+e+\cdots) = ab+ac+ad+ae+\cdots$$

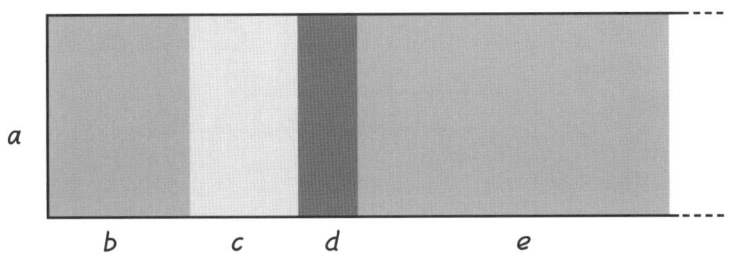

뺄셈에 대한 곱셈의 분배

$$a(b-c) = ab-ac$$

이 식이 성립하는 것은 뺄셈이 '음수의 덧셈'이기 때문이다.

$$
\begin{aligned}
a(b-c) &= a(b+(-c)) &&\text{뺄셈의 정의}\\
&= ab + a(-c) &&\text{덧셈에 대한 분배}\\
&= ab + a((-1)c) &&-c = (-1)c\\
&= ab + (-1)(ac) &&\text{순서를 다시 정려}\\
&= ab + (-ac) &&(-1)ac = -ac\\
&= ab - ac &&\text{뺄셈의 정의}
\end{aligned}
$$

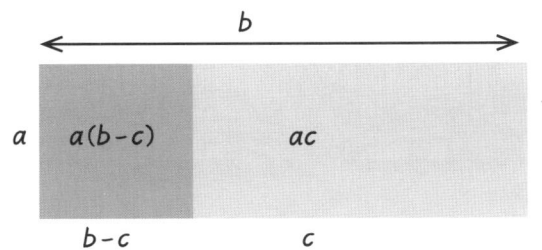

음수화의 분배!

$$-(a+b) = -a-b$$

이 식이 성립하는 것은 음수화가 -1을 곱하는 것과 같기 때문이다.

$$
\begin{aligned}
-(a+b) &= (-1)(a+b)\\
&= (-1)a + (-1)b\\
&= -a - b
\end{aligned}
$$

마이너스 부호를 뺄셈에 대해 분배하는 것은 다음과 같다.

$$-(a-b) = -a+b = b-a$$

때로는 거꾸로 묶을 필요도 있다. $3x + 2x$와 같이 동일한 변수의 배수들이 더해진 경우를 예로 들 수 있다.

$$3x + 2x = (3+2)x = 5x$$

 예상대로, 같은 변수의 배수들은 더할 수 있다. 약속대로 깜짝 놀랄 일은 없지?

주목: 이것은 어떤 배수에 대해서도 성립한다. 배수가 반드시 양의 자연수일 필요는 없다. 예를 들면

$$2y - \frac{y}{2} = (2 - \frac{1}{2})y = \frac{3}{2}y \text{ 또는 } \frac{3y}{2}$$

또한:

$$P + 0.3P = (1 + 0.3)P = (1.3)P$$
(왜냐하면 $P = 1 \cdot P$)

$$6z - 2z = 4z$$

$$\frac{x}{2} + \frac{x}{3} = (\frac{1}{2} + \frac{1}{3})x = \frac{5}{6}x \text{ 또는 } \frac{5x}{6}$$

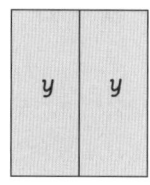 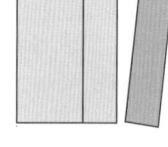 

2y   y/2를 잘라낸다. $(1\frac{1}{2})y$ 또는 3y/2가 남는다.

응용 예제: 할인 매장

근처에 있는 어느 상점이 20퍼센트 세일 행사를 하고 있다. 상점 안의 모든 상품은 정찰가격의 20퍼센트를 깎아주고 있다.

세일은 좋아하지만, 도대체 세일이 분배법칙과 무슨 관계가 있지?

어떤 상품의 세일가격을 알아내기 위해서는 두 단계가 필요하다. **1단계**: 상품가격에 0.2(즉 20퍼센트 또는 20/100)를 곱해서 할인되는 금액을 찾는다.

2단계: 정찰가격에서 할인되는 가격을 뺀다. 정찰가격이 p인 상품은 $0.2p$를 할인받으니까, 이 상품의 세일가격은

이제 분배법칙을 적용하자. $P = 1 \cdot P$인 것을 아니까…

그래서 실제로는, **한 번**만에 할인가격을 찾을 수 있다. 정찰가격에 0.8을 곱해주면 된다!

더 좋은 정보: 여러 상품의 총 세일가격을 알고 싶을 수도 있다. 가령 정찰가격이 P, Q, R, S인 4개의 상품의 세일가격은 $0.8P + 0.8Q + 0.8R + 0.8S$이다.

$$0.8P + 0.8Q + 0.8R + 0.8S = 0.8(P + Q + R + S)$$

다시 말해, 여러 상품의 총 세일가격을 찾으려면, 정찰가격 모두를 더한 다음 0.8을 곱해주면 된다. 각 상품의 할인금액을 알 필요가 없다!!

연습문제

1. 다음 식의 값을 구하라.

　a. $2 \times 3 + 1$

　b. $2(3 + 1)$

　c. $1 - \frac{4}{2} + 3(1 - \frac{1}{3})$

　d. $5 - 3 + 2 - 4$

　e. $5 - (3 + 2 - 4)$

　f. $(1 - 2)/2$

　g. $(2 - 100)/(40 + 9) - (-2)$

　h. $\dfrac{9-4}{\frac{5}{3}}$

　i. $(-6)(-5) - (-5)(6)$

　j. $(\frac{1}{0.8})(40)$

　k. $\dfrac{3.8 - 2(1 - 0.67)}{0.5}$

2. 주어진 변수의 값에 대해, 다음 대수식들의 값을 구하라.

　a. $x = 1$일 때, $5x - 4$

　b. $P = -6$일 때, $2P + 11$

　c. $y = 3$일 때, $\frac{3}{4}(3y-1)(2y+4)$

　d. $x = 1$일 때, $x + 2x + 3x - \frac{6}{x}$

3a. $x = 1$이고 $a = 2$일 때, $2a(x+1) - 3x + 4(a-1)$의 값을 구하라.

　b. $x = 2$, $a = 3$일 때, 위 식의 값을 구하라.

　c. $x = 2$일 때, 분배법칙을 이용하여 위 식을 a에 관한 식으로 정리하라.

4. 분배법칙을 이용하여 다음 식을 간단히 하라. (즉 분배한 다음 같은 항끼리 묶을 것.)

　a. $2(x + 5) - 1$

　b. $3(x - 1) + 2(x + 1)$

　c. $3(y + 2) + 4(y + 2)$

　d. $3(2(2x - 1)) + 5) + x$

　e. $1 - 2(1 - x)$

　f. $a(1 - t) + 2a(2 - t)$

5. 할인 매장이 할인율을 15퍼센트로 바꿨다. 어떤 상품의 정찰가격이 p일 때, 이 상품의 세일가격은? 원래 가격이 8.99달러인 머리빗과 4.95달러인 머리용 젤을 사려고 하는데, 할인 후에 지불해야 할 총 세일가격은?

6. 결합법칙을 이용하여 옆의 각 식이 성립함을 보여라. (힌트: 짝수를 잘 살펴봐!)

　　$2 \times 2 = 1 \times 4$
　　$4 \times 3 = 2 \times 6$
　　$6 \times 4 = 3 \times 8$
　　$8 \times 5 = 4 \times 10$
　　$10 \times 6 = 5 \times 12$
　　$12 \times 7 = 6 \times 14$
　　$14 \times 8 = 7 \times 16$
　　$\ldots$

7. 어떤 뛰어난 수학교사가 $a \# b$로 쓰는 샵(#)이라는 연산을 발명했는데, 이 연산은 $a \# b = a + b + ab$로 정의된다.

　a. $4 \# 1$의 값은? 그리고 $1 \# 4$의 값은?

　b. 교환법칙이 성립하는가? 결합법칙은?

　c. 임의의 수 a에 대해, $a \# 0$의 값은?

　d. 연산 샵(#)에 대해 분배법칙이 성립하는가? 즉 $a(b \# c) = ab \# ac$가 항상 성립하는가?

8. 야구공과 같은 구(球)가 중심 주위로 회전하는 회전량을 R과 S라 할 때, $RS = SR$이 성립하는가?

Chapter 5
균형잡기

대수식은 요리법이나 다름없다. 숫자나 변수 같은 대수적 재료들을 단계적으로 조리하는 방법을 적은 것이 바로 대수식이다.

한편, **방정식**은 일종의 **명제**다.
방정식은 '서로 다른 두 개의 식이 **같은 수**이다'라는 명제다.
두 식이 전혀 같아 보이지 않지만, 계산을 하면 그 값이 같다는 것이다.

가령 앞에서 보았던 할인 매장 예제에서, 다음 식은 원래 가격이 p인 상품을 20퍼센트 할인한 세일가격을 계산한 것이다.

점원이 여러분에게 얼마를 지불해야 한다고 말할 때, 그 말이 곧 방정식이다. 그건, 세일가격이 어떤 수*와 **같다**는 말이기 때문이다.

* 세금은 생각하지 마. 우린 세금이 없는 마법의 나라에 살고 있다고 치자.

다른 명제들처럼, 방정식은 **참**일 수도 있고 **거짓**일 수도 있다.

$2 + 2 = 3 + 1$ 참

$2 + 2 = 3$ 참이 아니다!

수학기호 ≠는 '~와 같지 **않다**'는 뜻인데, 이제 이 기호를 쓰자.

$2 + 2 \neq 3$ 참

변수가 포함된 방정식은 변수의 어떤 값에 대해서는 참이지만, 다른 값에 대해서는 참이 아닐 수 있다.
방정식 $2x+1=7$은 $x=3$일 때는 $2(3)+1=7$이니까 참이지만, $x=4$일 때는 $2(4)+1=9 \neq 7$이므로 거짓이다.

방정식을 참으로 만드는 변수의 값을 방정식의

라고 한다. 그리고 해는 방정식을

만족시킨다

고 한다. $x=3$은 방정식 $2x+1=7$을 만족시킨다. x의 다른 값들을 방정식에 대입해보라. 또 다른 해가 있는가?

여러분이 20퍼센트 할인하여 5달러인 상품을 샀다고 하자. 이 **상품의 할인 이전의 원래 가격은 얼마일까?**
불행히도, 점원이 가격표를 떼서 버렸기 때문에 원래 가격을 알 수가 없다. 하지만 방정식은 남아 있다.

이 방정식은 p의 80퍼센트가 5임을 말해주고 있다. 어떻게 하면 p, 즉 $1 \approx p$의 값을 구할 수가 있을까?
답은 방정식에 **0.8의 역수를 곱해주는 것이다**(또는 0.8을 나눠주는 것이다)*.

그렇게 하면, 0.8이 없어진다.
왜냐하면

$$\frac{1}{0.8}(0.8P) = \left(\frac{0.8}{0.8}\right)P = P$$

그런데 방정식의 우변에 있는 5는
어떻게 될까?

방정식이 참이라는 것은 $0.8p$와 5가 **같은** 수라는 뜻이다. 따라서 $0.8p$와 5에 **어떤 수를 곱해줘도**
역시 서로 같다. 어떻게 다를 수가 있겠어? 그래서…

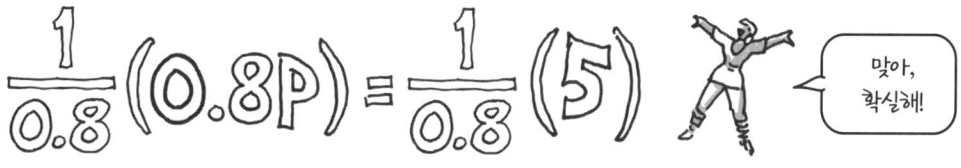

맞아, 확실해!

이제 계산해보자.

$$\frac{1}{0.8}(0.8P) = \left(\frac{1}{0.8}\right)5$$

$$P = 5/0.8 = \mathbf{6.25}$$

그래서 원래 가격은

6.25 달러.

지금까지의 추론 과정이
틀리지 않을까 걱정되면,
$p = 6.25$가 진짜로 방정식을
만족시키는지 대입해서 확인해보라.

$$(0.8)(6.25) \stackrel{?}{=} 5$$
$$5 = 5$$

좋았어, 맞았어!

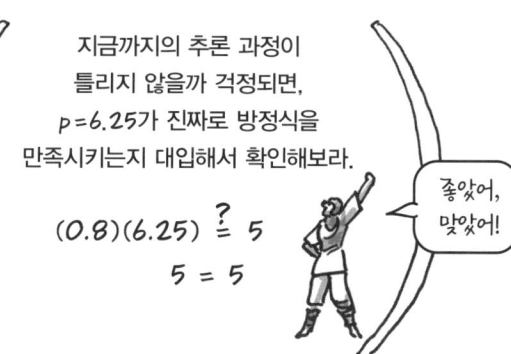

---

* 소수가 싫으면 $0.8 = 8/10 = 4/5$로 쓸 수도 있다. 역수는 $5/4$이다.

방금 우리는 대수학의 첫 번째 주요 개념을 배웠다. 즉 임의의 참인 방정식에 대하여, '양변에 똑같은 연산을 하여' 달라진 방정식도 역시 참이라는 것이다. 이 개념은 대수학의 창시자인 아라비아의 수학자 **알콰리즈미**(약 780~850)가 제시한 것이다.

알콰리즈미는 방정식을 '균형이 잡힌' 것으로 생각했다. 양변의 식들은 서로 모양이 다르지만, 같은 수이기 때문이다.

양변에 같은 것(수, 식 등 무엇이든 상관없다)을 **더하면**, 양변은 여전히 균형을 유지한다. 즉 여전히 서로 같다.

양변에 같은 것을 **곱**할 수도 있다. 이때도 역시 균형이 유지된다.

알콰리즈미는 이것을 '재균형'이라고 불렀다. 이것만으로도 우리는 많은 방정식들을 풀 수 있다.

앞으로 나가기 전에, 변수로 가장 자주 쓰이는 문자인 x에 대해 한마디 해야겠다. 이 불가사의한 문자를 선택한 이유는, x가 거리, 시간, 가격처럼 특별한 뭔가를 대변하지 않기 때문이다. 대수학에서는 변수가 무엇을 '의미'하든 상관이 없으며, x는 뭐든 될 수 있다!

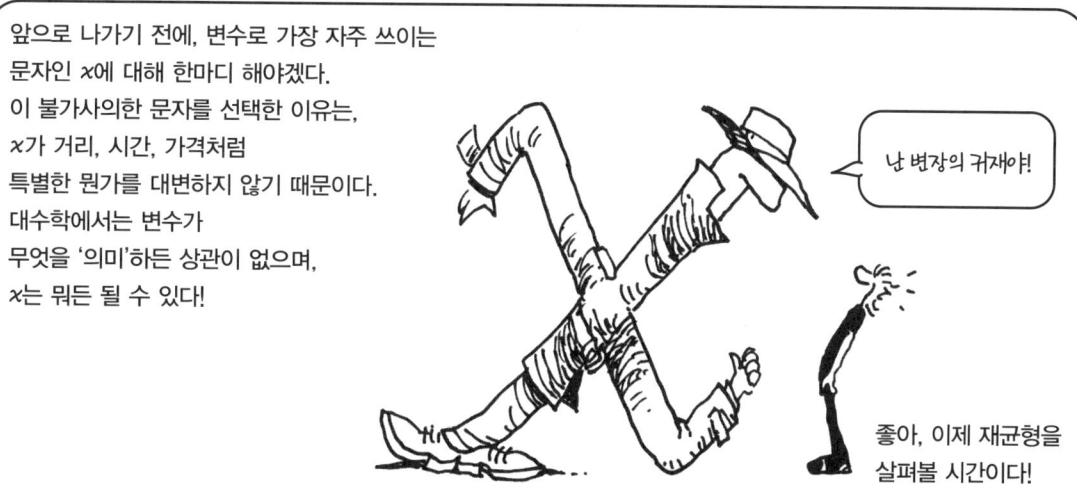

예제 1. 다음 방정식을 풀어라.

$$4x + 5 = 2x + 11$$

$4x$와 $2x$를 **변수항**이라고 하고, 5와 11처럼 '숫자로만' 이루어진 항을 **상수항**이라고 한다.

재균형을 위해, 뭔가를 더하거나 빼서, **우변**에서는 **변수를 제거**하고 좌변에서는 **상수를 제거**하도록 하자.

5를 빼면 좌변에서 상수가 제거되고, $2x$를 빼면 우변에서 변수가 제거될 것 같다. 자, 양변에다가 이것을 해보자!

$$\begin{array}{r} 4x + 5 = 2x + 11 \\ -5 \quad\quad -5 \\ -2x \quad\quad -2x \\ \hline 4x - 2x = 11 - 5 \\ 2x = 6 \end{array}$$

이제 거의 다 됐다! 2의 역수인 1/2을 양변에 곱하면, 좌변에는 x만 남는다. 방정식이 풀렸다.

$$2x/2 = 6/2$$
$$x = 3$$

마지막으로, $x = 3$을 원래의 방정식에 대입해서 이것이 실제로 방정식의 해인지 확인한다.

$$4(3) + 5 \stackrel{?}{=} 2(3) + 11$$
$$12 + 5 \stackrel{?}{=} 6 + 11$$
$$17 = 17$$

방정식을 푸는 단계적 방법

(많은 방정식들에 적용할 수 있다!)

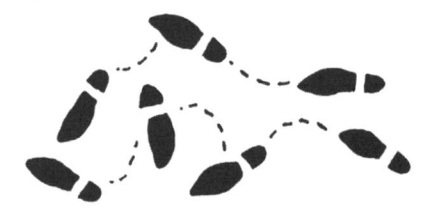

1. '사전 정리': 방정식 속에 있는 괄호를 제거하고, 동류항끼리 묶는다. ('동류'란 상수항은 상수항끼리, 변수항은 변수항끼리 더한다는 의미이다.)

"여기서는 괄호가 우리 친구가 아냐!"

2. 분리: 덧셈 또는 뺄셈을 이용하여, 한쪽에는 상수(통상 우변), 다른 한쪽에는 변수(통상 좌변)로 분리한다.

"각각 제자리로 돌려 놔!"

3. 결합: 동류항끼리 묶는다.

"간단하게! 항상 간단하게!"

이제 방정식은 '(어떤 수)x = 다른 어떤 수'의 형태가 된다.

4. 곱셈: 변수 앞에 있는 수(변수의 **계수**라고 한다)의 역수를 양변에 곱한다. 예를 들면

에서 4는 x의 계수이다. 양변에 $\frac{1}{4}$을 곱하면

$x = 3$

방정식이 풀렸다.

"계수로 나누는 것과 같지 않나요?"

"맞아!"

5. 검산: 답이 맞는지 확인하는 것은 중요하다. 또 다른 이유도 있는데 잠시 후 살펴보기로 하자.

"검산을 하고 나면, 할일이 다 끝나는 거야!"

다음 방정식은 복잡해서 풀기 전에 좀 정리할 필요가 있다.

예제 2.

$$2(x-1)+3(x-2)+x = 2x+4$$

단계적으로 풀어보자.

1. 괄호 때문에 양변의 식을 명확하게 알아보기가 힘들다. 그러니 괄호를 없애버리자. 분배법칙에 따라, $2(x-1) = 2x-2$이고 $3(x-2) = 3x-6$이다. 그러면,

$$2x-2+3x-6+x = 2x+4$$

상수와 상수, 변수와 변수, 동류항끼리 묶으면,

$$6x - 8 = 2x + 4$$

사전 정리가 끝났어!

2. 이제 재균형 차례다. 어렵지 않다. $2x$를 빼면 우변에서 변수항이 없어지고, 8을 더하면 좌변에서 상수가 사라진다.

$$\begin{array}{r} 6x - 8 = 2x + 4 \\ -2x + 8 \quad -2x + 8 \\ \hline 6x - 2x = \quad 4 + 8 \end{array}$$

3. 항들을 결합하면 $6x-2x = 4x$, $4+8 = 12$이다. 이제 방정식은 다음과 같아진다.

$$4x = 12$$

4. 양변을 x의 계수인 4로 나누면 방정식이 풀린다.

$$x = 3$$

5. 마지막으로, 원래의 방정식에 x 대신 3을 대입하여 검산한다.

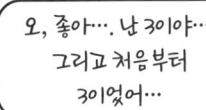

$$2(3-1) + 3(3-2) + 3 \stackrel{?}{=} 2 \cdot 3 + 4$$
$$2 \cdot 2 + 3 \cdot 1 + 3 \stackrel{?}{=} 6 + 4$$
$$4 + 3 + 3 \stackrel{?}{=} 6 + 4$$
$$10 = 10$$

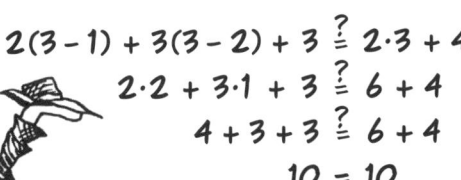

음수인 계수들

재균형이 끝난 후,
다음처럼 미지수의 계수가
음수인 경우도 있을 수 있다.

$$-3x = -9$$

여기서, 양변을 바로 -3으로
나눌 수도 있다. 하지만,
양변에 -1을 곱해서 계수를
양수로 만드는 것이
조금 더 쉽다.

$$3x = 9$$

덧셈으로 연결된 **분수항**들도 골치 아프게 생각할 필요가 없다. 방정식의 각 항에 공통분모를 곱해주면, 분수를 없앨 수가 있다. 다음과 같은 방정식을 생각해보자.

$$\frac{3}{2}x + \frac{1}{3} = \frac{5}{6}x + 2$$

분모 2, 3, 6의 최소공배수인 6을
양변에 곱한다.

$$\frac{3 \times 6}{2}x + \frac{1 \times 6}{3} = \frac{5 \times 6}{6}x + (6)(2)$$

공통인수를 약분하면, 분수는 모두 사라진다!

$$9x + 2 = 5x + 12$$

이 방정식을 재균형 처리하면,

$$4x = 10$$

$$x = \frac{5}{2}$$

해가 맞는지
검산해보라.

검산에 대해 한마디: 검산이 중요한 이유는, 누구나 실수를 할 수 있기 때문이다!

또 다른 이유도 있다. 그것은 방정식을 재균형 처리할 때 **참**이라고 가정한다는 대수학의 기본적인 개념과 관련이 있다.

추론은 이렇다.

방정식이 변수의 어떤 값에 대해 참이라면, 식을 이리저리 변형해서 그 값을 찾아낼 수 있다.

다음 방정식은 어떤가?

$$x = x + 1$$

눈 딱 감고 우변의 x를 제거하면

$$\begin{array}{rl} x = & x+1 \\ -x & -x \\ \hline 0 = & 1 \end{array}$$

$0 = 1$이라는 결과가 나온다. 어이쿠!

이건 원래의 방정식이 애초부터 참이 아니기 때문에 생긴 일이다. 어떻게 자신보다 1이 더 큰 수가 있을 수 있겠나? 이런 방정식은 **해가 없다.**

해의 검산은 원래의 가정이 옳았다는 것을 확인하는 것이다. 풀리는 방정식은 처음부터 변수의 어떤 값에 대해 참인 방정식이다.

빠른 재균형, 아니 이삿짐센터 불러!

이제 방정식을 재빨리 재균형시키는 방법을 보여주겠다.
한 변이 두 개 항의 합으로 되어 있는 방정식을 생각해보자.

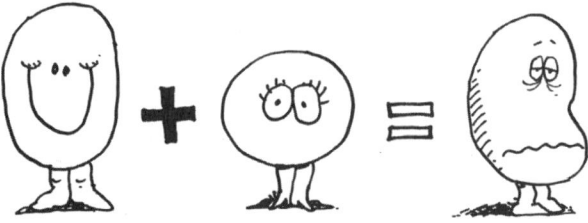

그리고 이 방정식의
좌변에서

을 제거해보자.

알다시피, 지금까지는 양변에서 그 항을 빼는 방식을 사용했다. 이걸 길게 한 줄로 써보자.

결과는 다음과 같다.

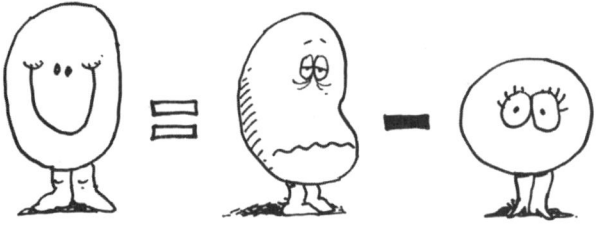

무슨 일이 일어났는지
알겠지? 항이 방정식의
좌변에서 우변으로
이동하면서, 부호가
플러스에서 마이너스로
바뀐 것이다!

 재균형을 항상
이런 식으로
할 수 있다.

항을 더하거나 빼는 대신에,
그 항을 방정식의
한 변에서 다른 변으로
이동시키면서 부호를
바꿔주는 것이다.

그래…
이사 가네…

예제 3. 다음 방정식을 풀어라.

$$x - 5 = 4x - 17$$

항상 그랬던 것처럼, 좌변에서 상수를 없애고 우변에서 변수를 없애자. 다음과 같이 더하고 빼면…

$$\begin{array}{rcr} x - 5 & = & 4x - 17 \\ +5 & & +5 \\ -4x & & -4x \\ \hline \end{array}$$

초등학교 산수 문제와 비슷하네!

하지만 이렇게 할 필요가 있을까? 단순히 −5의 부호를 바꿔서 좌변에서 우변으로 옮기고, $4x$는 $-4x$로 바꿔서 좌변으로 옮기면 된다. 결과는 똑같다.

$$x - 5 = 4x - 17$$
$$x - 4x = -17 + 5$$
$$-3x = -12$$
$$3x = 12$$
$$x = 4$$

그리고 검산:
$$\begin{array}{rcl} 4 - 5 & = & 4(4) - 17 \\ -1 & = & 16 - 17 \\ -1 & = & -1 \end{array}$$

수학선생님은 여러분에게 이처럼 항을 이동시키는 것을 구식이라고 말씀하실 수도 있어!

내가 학교 다닐 때, 일부 '교육전문가'들은 학생들에게 모든 과정을 다 쓰게 했어. 항의 이동이 훨씬 빠르고 간단한데도 말이야…

솔직히 말해서, 새 방식이라는 것은 시간 낭비야! 그렇게 하면 계산도 **느리고** 종이도 **낭비**하게 돼?!!

그러니… 전부 써서 선생님을 기쁘게 하든지, 아니면 내 방식대로 해서 나무를 구하든지 알아서 하라구!

자, 이제 연습문제를 풀어가자…

연습문제

1. 다음 방정식을 풀고, 검산하라!

a. $2x = x + 1$

b. $5x + 10 = 25$

c. $500x + 1,000 = 2,500$
(참고: 제일 먼저 양변을 500으로 나눠라.)

d. $7y - 1 = 5y + 9$

e. $3x + 4 = x - 5$

f. $4x + 1 = 7$

g. $4x + 1 = 0$

h. $1 - 2x = 3x - 19$

i. $2(1 - x) = 1 + x$

j. $2(60 - m) = 2(64 - 3m)$

k. $25 - 3x = 30 - 5x$

l. $\dfrac{t}{2} = \dfrac{t}{5} + \dfrac{3}{4}$

m. $\dfrac{p}{2} + \dfrac{p}{3} = 5$

n. $3(y - 1) + 2(y - 2) = y$

o. $6t = 4(t + 10)$

p. $\dfrac{x-1}{2} + \dfrac{x-2}{3} = \dfrac{1+x}{6}$

2. 신발이 25퍼센트 할인된 가격으로 판매되고 있다고 하자.

a. 원래 가격이 p일 때, 세일가격을 식으로 써라.

b. 위 식의 계수를 소수에서 분수로 바꿔서 다시 써라.

c. 세일가격이 66달러일 때, 원래 가격 p는?

d. 세일가격이 Q일 때, 원래 가격 p를 변수 Q로 나타내라.

3. 판매세율이 8퍼센트(즉 0.08)라고 하자. 가격이 p인 상품의 판매세는 $(0.08)p$이다. 당연히 세금은 가격에 추가된다.

a. 가격이 1달러, 2달러, p달러인 막대사탕의 세후가격(세금이 추가된 가격)은 각각 얼마인가?

b. 세후가격이 3.78달러라면, 상품의 정찰가격은?

c. 판매세율이 r일 때, 가격이 p인 상품의 세후가격을 식으로 나타내라.

4. a가 0이 아닌 임의의 수일 때, 다음 방정식을 재균형 처리하라.

$$2ax + 3 = ax + 4$$

이 식을 x에 관해 풀어라.
다시 말해 방정식을 $x = (a$가 포함된 식$)$의 형태로 나타내라.

5. 다음 방정식을 앞에서 설명한 5단계에 따라 풀어라.

$$x + 1 = 1 + x$$

어떤 결과가 나왔는가? 왜 그런 일이 일어났는가? 이 방정식은 해가 있는가? 있다면, 그 해는 무엇인가?

Chapter 6
응용(서술형) 문제

대수학을 일상생활에서 사용하기 위해서는,
실제 상황을 식과 방정식으로 나타내야 한다.
교과서에서는 이런 상황이 말로 쓰여 있기 때문에
이것을 서술형 문제라고 한다. 하지만 나는 응용 문제라고 부르고 싶다.
이것이 **실생활에 응용**되는 문제이기 때문이다.

예제 1. 캐빈은 책장 만드는 일을 방금 끝냈다.
(망치질은 그냥 좋아서 계속하고 있는 거야.)
책장의 높이는 4피트이고, 가로판은 5개이며, 총 23피트의 나무판이 사용됐다. 각 가로판의 길이는 얼마일까?

그림에서 보듯이 맨 위의 가로판이 직각으로 두 세로판 사이에 있다. 그래서 가로판의 길이는 모두 같다.

먼저, 모든 정보들을 아는 것과 모르는 것으로 분류해보자.

변수는 가로판의 길이 하나뿐이다. 그래서 변수는 '길이(Length)'를 연상시키는 문자를 쓰자.

아는 것:
세로판의 높이, 4피트.
세로판의 개수, 2개.
가로판의 개수, 5개.
총 길이, 23피트

모르는 것:
가로판의 길이.

그냥 L로 쓰는 게 어때?

그다음으로, L을 사용해서 나무판의 총 길이를 대수식으로 나타내자. 이건 47쪽에서도 해본 적이 있다.

전체길이 =

$$5L + 8 \text{ 피트}$$

↑ 가로판 5개의 길이
↑ 세로판 2개의 길이 각각 4피트

마지막으로, 방정식을 세우자.
이건 말로 서술되어 있는 문제 속에서 찾아낼 수 있다.
즉 총 길이는 23피트이다.

$$5L + 8 = 23$$

저게, 바로, 모든 걸 말하고 있어!

이제, 방정식이 참이 되는 L의 값을 찾으면 된다. 다시 말해서, 방정식의 해를 찾는 것이다!

이제 풀어보자!

$$5L + 8 = 23$$
$$5L = 23 - 8 \quad \text{양변에서 8을 빼다}$$
$$5L = 15 \quad \text{간단한 계산}$$
$$L = \frac{15}{5} \quad \text{양변을 5로 나누다}$$
$$L = 3 \quad \text{간단한 계산}$$

 바로 앞 페이지에서 L은 가로판의 길이라고 말했다.
그래서 우리의 계산 결과는 각 가로판의 길이가 3피트란 것이다.

그리고 검산해보자.

$$5(3) + 8 \stackrel{?}{=} 23$$
$$15 + 8 \stackrel{?}{=} 23$$
$$23 = 23 \quad \checkmark$$

예제 2. 모모는 세리아보다 시간당 2달러를 더 번다. 8시간 일한 후, 두 사람이 받는 돈은 총 184달러이다. 두 사람이 시간당 받는 돈은 각각 얼마일까?

아는 것:

두 사람이 받는 돈, 184달러.
일한 시간, 8시간.
모모와 세리아가 시간당 받는 돈(시급)의 차이, 2달러.

모르는 것:

세리아의 시급.
모모의 시급.

모르는 것이 두 개지만, 두 개 모두를 변수로 볼 필요는 없다. 왜냐하면 둘이 서로 연결되어 있기 때문이다. 세리아의 시급을 w라고 하자. 그러면 모모의 시급은 세리아의 시급보다 2달러가 많은 것을 아니까, $w+2$로 둘 수 있다.

w = 세리아의 시급
  (단위는 달러)

$w+2$ = 모모의 시급
  (단위는 달러)

문제에 8시간 일할 때 받는 돈이라는 말이 있다.
그래서 두 사람이 각각 8시간 일한 대가로 받는 돈을
w로 나타내보자.

$8w$ 세리아가 받는 돈

$8(w+2)$ 모모가 받는 돈

$8w + 8(w+2)$ 두 사람이 받는 돈

두 사람이 받는 돈의 총액이 184달러라는 것이
방정식이다.

$8w + 8(w+2) = 184$

이걸 풀기 위해서는, 괄호를 없애야 한다.

$8w + 8w + 16 = 184$ 분배법칙

$16w + 16 = 184$ 동류항을 더한다

$16w = 168$ 양변에서 16을 빼다

$w = \dfrac{168}{16}$ 양변을 16으로 나눈다

$w = 10.5$

앞 문제에서처럼, w가 뭔지는 기억하고 있어야 한다! 우리는 'w = 세리아의 시급'이라고 **써두었다**.
그래서 세리아는 시간당 10.50달러를 벌고, 모모는 $w + 2 = 12.50$달러를 버는 것이다.

그리고 검산,

$8(10.5) + 8(12.5) \overset{?}{=} 184$

$84 + 100 \overset{?}{=} 184$

$184 = 184$ ✓

예제 3. 이해상충

세리아와 제시는 180달러를 받기로 하고 친구의 웹사이트를 디자인하고 있다. 세리아는 자신이 하는 일의 대가로 120달러를 받아야 한다고 생각하고, 제시는 80달러를 받기를 원한다. 불행히도 두 사람이 원하는 대가를 합하면 200달러가 된다….

결과가 어떤지 한번 살펴보자.

아는 것:

세리아가 원하는 금액 120달러.
제시가 원하는 금액 80달러.
대가로 받을 총 금액 180달러.
두 사람은 동일한 액수를 포기한다.

모르는 것:

포기하는 금액.
두 사람이 각각 받을 금액.

변수는 하나, 즉 각자 포기할 금액으로 정하고, 이를 x라고 하자.

x = 각자 포기할 금액

다음 식들은 각자가 일정 금액을 포기하고
최종적으로 받을 금액을 나타낸다.

세리아가 받을 금액: $120 - x$

제시가 받을 금액: $80 - x$

이 금액들의 합이 180달러라는 것으로
방정식을 세울 수 있다.

$$(120 - x) + (80 - x) = 180$$

이 방정식은 쉽게 풀 수 있다.

$$200 - 2x = 180$$
$$2x = 200 - 180$$
$$2x = 20$$
$$x = 10$$

두 사람은 각자 10달러를 포기해야 한다.
다시 말해, 두 사람은 원하는 금액과 받을 금액의
차액을 똑같이 나눠서 부담한다.
(차액은 20달러이고, 각자 20달러/2 = 10달러씩 적게 받는다.)

포기하는 금액인 x를 알면, 당초 요구했던 금액에서 x를 빼서 각자가 최종적으로 받을 금액을 알 수 있다.
세리아는 $(120-x) = 120-10 = 110$달러를 받고, 제시는 $(80-x) = 80-10 = 70$달러를 받는다.
이 결과는 공정한가? 제시는 그렇게 생각하지 않는다!

사실이다.

$$\frac{70}{110} < \frac{80}{120}$$

차액을 각자 부담한 후, 제시의 몫은
세리아보다 상대적으로
작아졌다.

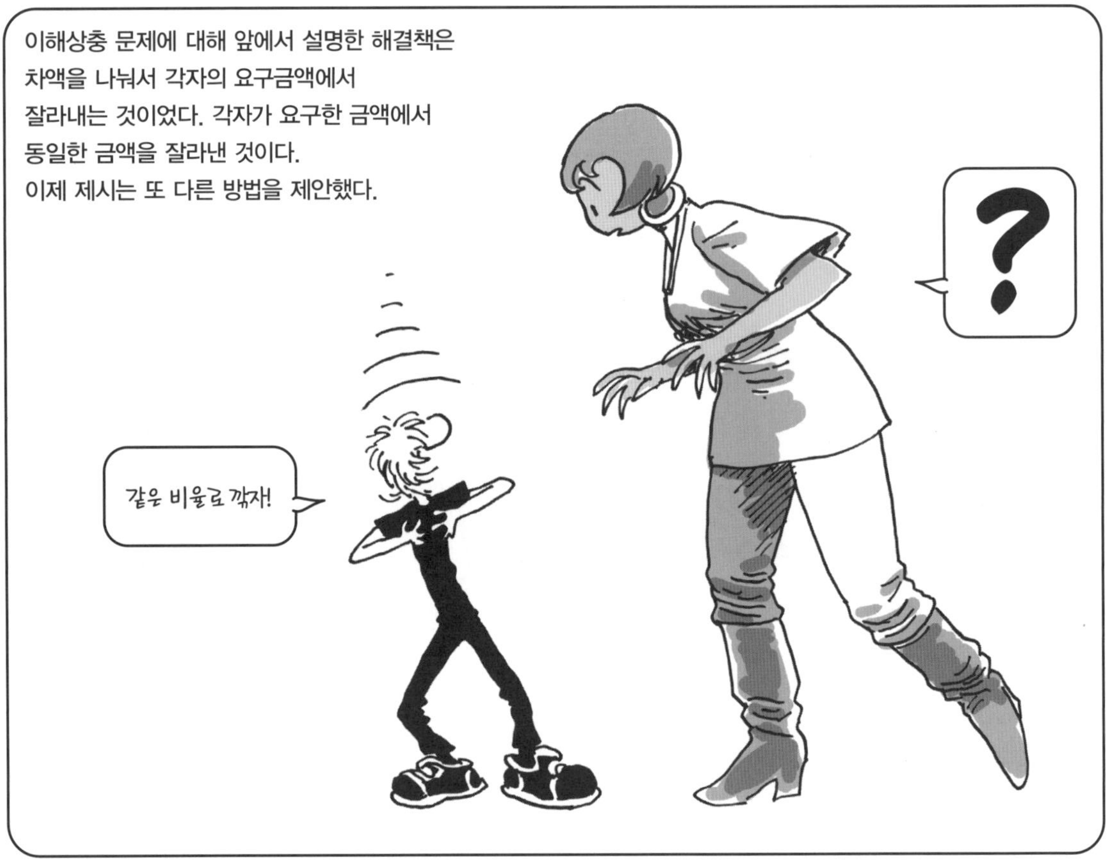

이해상충 문제에 대해 앞에서 설명한 해결책은 차액을 나눠서 각자의 요구금액에서 잘라내는 것이었다. 각자가 요구한 금액에서 동일한 금액을 잘라낸 것이다.
이제 제시는 또 다른 방법을 제안했다.

같은 비율로 깎자!

?

이 방법은 이렇다. 두 사람이 요구한 금액의 합계는 다음과 같이 200달러이다.

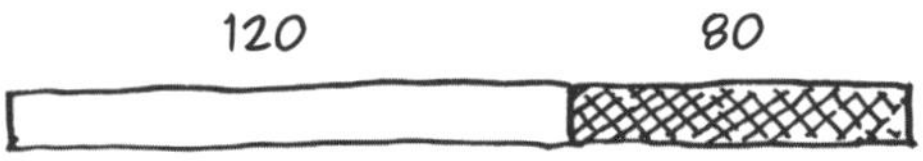

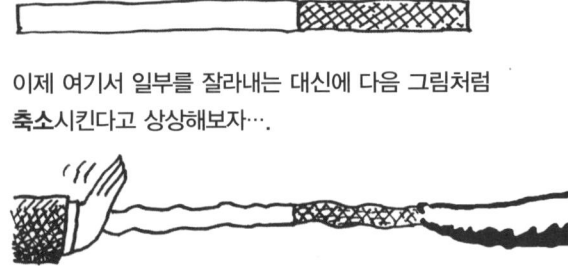

이제 여기서 일부를 잘라내는 대신에 다음 그림처럼 **축소**시킨다고 상상해보자….

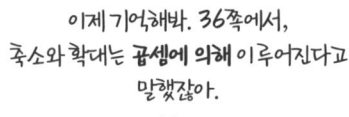

이제 기억해봐. 36쪽에서, 축소와 확대는 **곱셈**에 의해 이루어진다고 말했잖아.

실제로 받을 수 있는 금액인 180달러가 될 때까지 길이를 축소시키자.

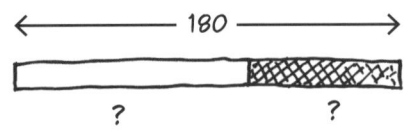

이 그림은 축소판 사진처럼 길이만 짧아졌을 뿐 모양은 똑같다.

다시 말해서, 우리는 각자의 요구금액에 동일한 **축소율**을 곱하려고 한다. 이건 미지수이니까, r이라고 하자.

$$r = 축소율$$

각자의 요금금액에 축소율을 곱하면 각자가 최종적으로 받을 금액이 된다.

세리아의 몫: **120r**

제시의 몫: **80r**

앞에서와 마찬가지로, 이들의 합이 180달러라는 것이 방정식이다.

$$120r + 80r = 180$$

이 방정식을 푸는 것은 어렵지 않다.

$$120r + 80r = 180$$
$$200r = 180$$
$$r = \frac{180}{200}$$
$$r = \frac{9}{10}$$

세리아가 받는 돈은

$$120r = \frac{9}{10}(120) = \mathbf{108}\,달러$$

그리고 제시가 받는 돈은

$$80r = \frac{9}{10}(80) = \mathbf{72}\,달러$$

이 둘을 합치면 180달러가 되니까, 해가 맞다.

제시에게는 차액을 똑같이 나눠서 깎는 것보다는 이 방법이 더 좋다.

그렇다. 제시는 요구금액에서 8달러가 깎이는 반면, 세리아는 12달러가 깎인다.

이해상충 문제는 어떤 사람이 빚을 지고 사망한 경우에도 발생한다. 빅밥이라는 사람이 집을 리모델링하는 도중에 건축업자인 프레드에게 2,500,000달러를 빚진 상태에서 숨을 거두고 말았다고 하자. 빅밥의 가정부인 리타는 그들 사이의 '아주 특별한 관계'로 말미암아 빅밥에게서 500,000달러를 받기로 약속받았다고 말한다. 불행하게도, 빅밥의 은행계좌에는 1,000,000달러밖에 없다. 이 문제를 어떻게 해결해야 할까?

두 사람의 요구금액은 총 3,000,000달러이다. 프레드와 리타가 차액을 공동 부담한다면, 두 사람은 각각 요구금액 총액과 가용금액의 차액의 절반씩을 포기해야 한다. 이 금액을 x라고 하면,

$$x = \tfrac{1}{2}(\$3,000,000 - \$1,000,000)$$
$$= \$1,000,000$$

눈 질끈 감고 식에 따라 계산을 하면, 건축업자인 프레드가 받을 몫은

$$\$2,500,000 - x =$$
$$\$2,500,000 - \$1,000,000 =$$
$$\$1,500,000$$

그리고 가정부인 리타의 몫은

$$\$500,000 - x =$$
$$\$500,000 - \$1,000,000 =$$
$$-\$500,000$$

이 방법에 따르면 리타는 500,000달러를 내놓아야 할 판이고, 프레드는 죽은 밥의 돈에다가 리타의 돈까지 추가로 챙기게 된다! 이게 과연 공평한가?

물론, 실제로는 이런 일이 일어나지 않는다. 리타는 최악의 경우에도 돈을 물어내는 일은 없으며, 프레드도 빅밥이 가진 돈만 받고 손해를 볼 수밖에 없다.

한편, 두 사람은 축소율 r을 적용해서 빅밥의 재산을 나눠 가질 수도 있다. 이 방법에 따르면, 프레드가 받을 몫은 $2,500,000r$달러이고, 리타가 받을 몫은 $500,000r$달러이다. 그리고 이 둘의 합은 $1,000,000$달러이다.

$$2,500,000r + 500,000r = 1,000,000$$
$$5r + r = 2 \quad \text{양변을 500,000으로 나눈다}$$
$$6r = 2$$
$$r = \frac{1}{3}$$

근삿값으로 계산해서 프레드가 받을 몫은

$$\frac{1}{3}(\$2,500,000) \approx \$833,333$$

그리고 리타의 몫은

$$\frac{1}{3}(\$500,000) \approx \$166,667$$

리타는 얻은 것이 있고, 프레드는 더 많은 손해를 봤다. 건축업자가 손해를 보는 돈은 $2,500,000 - 833,333 = 1,666,667$달러이다.

이런 문제는 개인이나 회사가 빚을 지고 파산하는 경우에도 발생한다…. 이런 경우에 매번 수학 하나만으로 '공정성' 문제를 결정할 수 없다는 사실을 기억하길 바란다. 파산이나 유산 분배는 수학이 아니라 법정에서 다뤄져야 할 문제이기 때문이다.

연습문제

1. 모모는 제시에게 5달러, 케빈에게 10달러를 빌렸다. 하지만 모모가 가진 돈은 9달러이다. 빌린 돈의 일정률을 갚을 경우, 모모가 각자에게 지불하는 돈의 액수는?

2. 세리아는 시급이 모모보다 2달러 많다. 모모가 10시간 일한 후 받는 금액은 세리아가 8시간 일한 후 받는 금액과 같다. 두 사람의 시급은 각각 얼마인가?

3. 제시는 케빈보다 시급이 3달러 많다. 각자 8시간 동안 일한 후, 제시가 자신이 받은 금액의 10퍼센트를 케빈에게 주면 두 사람이 가진 돈의 액수는 같아진다. 두 사람의 시급은 각각 얼마인가?

4. 그림 액자의 세로 길이는 가로 길이의 2배이다. 액자의 둘레 길이가 66인치라면, 이 액자의 가로와 세로의 길이는?

5. 그림 액자의 가로 길이는 세로 길이의 4/3이다. 총 303인치의 나무막대로 그림 액자를 만들고 9인치의 나무막대가 남았다. 이 그림 액자의 가로, 세로의 길이는?

6. 원래 가격이 A달러인 할인상품의 판매가격은 B달러이다. 할인율은 몇 퍼센트인가? A와 B로 나타내어라.

7a. 5센트짜리 니켈동전 n개가 얼마인지 식으로 쓰라.

b. 10센트짜리 다임동전 m개가 얼마인지 식으로 쓰라.

c. 나는 니켈동전과 니켈동전의 2배인 다임동전을 갖고 있다. 내가 가진 돈의 총액이 1.75달러라면, 내가 가진 니켈과 다임은 각각 몇 개인가?

8. 제시는 4달러를 갖고 있다. 세리아에게 쿼터(25센트짜리 동전) 몇 개와 쿼터의 절반인 다임을 주고 나니 1.6달러가 남았다. 제시가 세리아에게 준 쿼터와 다임은 각각 몇 개인가?

9. 나무가 집으로부터 줄지어 서 있다. 1번 나무와 2번 나무 사이의 거리는 집과 1번 나무 사이 거리의 2배이다. 2번 나무와 3번 나무 사이의 거리는 1번과 2번 나무 사이 거리의 2배이다. 즉 인접한 두 나무 사이의 거리는 그 앞에 있는 인접한 나무 사이 거리의 2배이다. 집에서 5번 나무까지의 거리가 930피트라면, 1번 나무는 집에서 얼마나 떨어져 있는가?

10. 키다리 알과 난쟁이 베니가 은행을 털었다. 알은 베니에게 1,000달러를 주고, 자신은 2,738달러를 가졌다. 베니가 불평을 하자, 알은 다음 번에 훔치는 돈은 1/4을 자신이 갖고 3/4을 베니에게 줘서, 자신이 가진 돈의 절반을 베니가 갖도록 해주겠다고 제안했다. 베니가 가진 돈의 총액이 알의 돈의 절반이 되려면, 두 사람은 얼마의 돈을 훔쳐야 하는가?

Chapter 7
다수의 미지수

현실 세계는 변수들로 가득 차 있다.
높이와 무게는 커지고 작아지고…
물가는 오르고 (가끔씩은) 내리고…
세상은 끊임없이 변한다….
그러니 우리의 방정식에 최소한
하나 이상의 변수를 포함시켜야
조금이라도 **현실에 접근할 수** 있지 않겠나?

목공일을 사례로 들어 시작해보자. 세리아는 못을 사기 위해 공구점에 갔다.
그녀는 두 종류의 못, 즉 놋쇠못과 쇠못이 필요하다.

이유야 어떻든, 그녀는 두 종류의 못을 모두 같은 가방에 담았다….

그리고 그 가방을 케빈의 목재상으로 가져갔다.

케빈은 기분이 썩 좋지 않았다! 그는 세리아가 두 종류의 못을 각각 몇 개씩 샀는지를 알고 싶었다!

케빈이 생각해낸 첫 번째 아이디어는 못의 **무게**를 다는 거였다. 못들을 저울에 올려놓았더니 무게가 900그램이었다. 또한 케빈은 놋쇠못 1개의 무게가 3그램, 쇠못 1개의 무게가 4그램이라는 사실도 알아냈다.

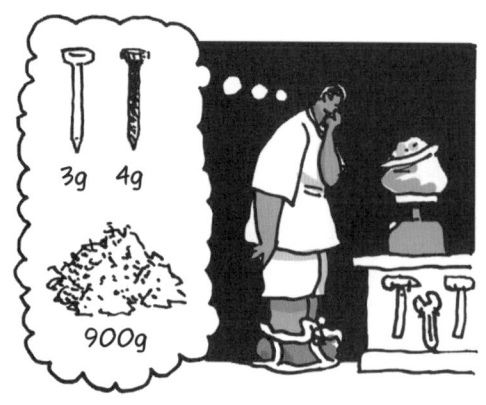

이제 대수학을 이용할 차례다. 변수는

B = 놋쇠못의 개수
I = 쇠못의 개수

그러면 $3B$는 모든 놋쇠못의 무게이고, $4I$는 쇠못 모두의 무게다. 단위는 그램이다. 이 두 식의 합은 못들의 총 무게, 즉 900그램이고, 이것을 방정식으로 나타내면 다음과 같다.

(1) $\quad 3B + 4I = 900$

케빈은 이 식을 B에 대해 풀었어.

$$3B + 4I = 900 \quad \text{방정식 1}$$

$$3B = 900 - 4I \quad \text{양변에서 } 4I \text{를 뺀다.}$$

(2) $\quad B = 300 - \dfrac{4}{3}I \quad \text{양변을 3으로 나눈다.}$

방정식 (2)에서 해는 숫자가 아니라, I가 포함되어 있는 식이다. 즉, 케빈은 B를 'I에 관한' 식으로 푼 것이다. 그래서 B는 무엇이란 말인가? 케빈과 세리아는 머리만 긁적이고 있다.

사실, 방정식 (2)를 만족시키는 B와 I의 값은 **많다**. 예를 들어 $I = 30$이라고 **추정**하면, 이 값을 방정식 (2)에 대입하여 B의 값을 찾을 수 있다.

$$B = 300 - \dfrac{4}{3}(30)$$
$$= 300 - 40$$
$$= 260$$

그리고 $I = 30$, $B = 260$을 방정식 (1)에 대입하면, 이 값들이 (1)을 만족시키는 해임을 알 수 있다.

$$3(260) + 4(30)$$
$$= 780 + 120$$
$$= 900$$

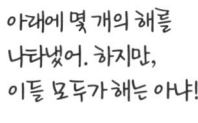
아래에 몇 개의 해를 나타냈어. 하지만, 이들 모두가 해는 아냐!

I	B	3B + 4I
3	296	900
6	292	900
9	288	900
12	284	900
93	176	900
99	168	900
...	...	
200	$33\dfrac{1}{3}$	900

I의 다른 값, 말하자면 $I = 93$을 취하면,

$$B = 300 - \dfrac{4}{3}(93)$$
$$B = 300 - 124 = 176$$

이 값들도 방정식 (1)을 만족시킨다는 것을 여러분 스스로 확인할 수 있다.

I의 어떤 값에 대해서도 거기에 대응하는 B의 값이 존재한다. 이 방정식은 **많은 해**를 가진 것이다.

못 $\dfrac{1}{3}$을 살 수 있어요?

음, **생각**은 해볼 수 있잖아요….

케빈이 대수학을 이용해서 B와 I의 값을 찾을 수 있을까? 아마 가능할 것이다.
왜냐하면 세리아가 **추가적인 정보**를 가지고 있기 때문이다.
그녀는 못의 **가격**을 기억하고 있다!

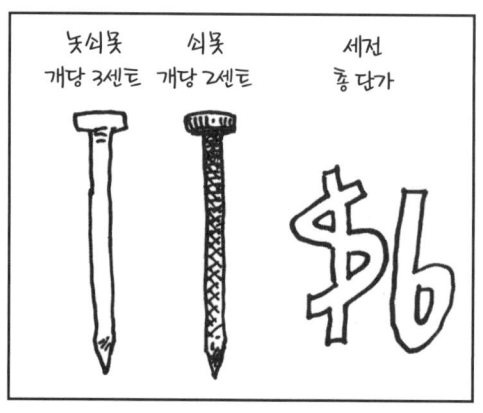

케빈은 새로운 방정식을 세운다.
숫자는 모두 단위가 센트이다.

　　$3B$ = 놋쇠못의 가격
　　$2I$ = 쇠못의 가격

총 가격은 600센트, 즉 6달러이고,
위 두 식의 합이다.

(3)　　$3B + 2I = 600$

두 개의 변수가 포함된 첫 번째 방정식은 많은 해를 갖고 있다. 두 번째 방정식이 그 많은 해를
실제 해인 한 쌍의 숫자로 좁힐 수 있을까? 두 개의 방정식을 **동시에 만족시키는** B와 I의 값을 찾을 수 있을까?

변수가 두 개인 두 개의 방정식

다음과 같은 두 개의 방정식에서 시작해보자.

$$ax + by = e$$
$$cx + dy = f$$

문자를 다 써버리고 나면, 과일조각을 써야지!

여기서 a, b, c, d, e, f는 임의의 수이고, x와 y는 변수들이다. 이 방정식에는 xy, xx, x/y처럼 변수들끼리 곱해진 항은 없고, x나 y가 상수인 계수와 곱해진 항만 있다는 것을 주목하자. 우리가 방금 다뤘던 세리아와 케빈의 목공일에 관한 방정식의 경우 다음과 같다(변수는 B와 I 대신 x와 y를 사용).

$$3x + 4y = 900$$
$$3x + 2y = 600$$

이제 이 한 쌍의 방정식(연립방정식)을 푸는 세 가지의 방법을 보여줄 것이다!
이 세 가지 방법은…

대입법, 가감법,

그리고 음, 세 번째 방법은 정확한 이름이 없어….

대입법

다음 방정식을 풀어보자.

(4) $3x + 4y = 900$
(5) $3x + 2y = 600$

두 방정식을 동시에 만족시키는 x와 y의 값을 찾아야 한다.

방정식 (5)에서 y를 x에 관한 식으로 나타내자.

(5) $\quad 3x + 2y = 600$
$\quad\quad 2y = 600 - 3x$
(6) $\quad y = 300 - \frac{3}{2}x$

y는 x가 포함된 우변의 식과 동일하기 때문에, 이것을 방정식 (4)의 y 대신에 **대입**할 수 있다.

$$3x + 4\left(300 - \frac{3}{2}x\right) = 900$$

이제 x만 포함되어 있는 하나의 방정식만 남았다.

$$3x + 4(300 - \frac{3}{2}x) = 900$$
$$3x + 1200 - 6x = 900$$
$$6x - 3x = 1200 - 900$$
$$3x = 300$$
$$x = 100$$

그럼 y는? y가 x에 관한 식으로 나타내어진 식 (6)을 이용하면 된다.

(6) $y = 300 - \frac{3}{2}x$
$\quad y = 300 - \frac{3}{2}(100)$
$\quad y = 300 - 150$
$\quad y = 150$

그래서 답은

$x = 100$ (놋쇠못)
$y = 150$ (쇠못)

그리고 이 해가 **두 개**의 방정식을 모두 만족시키는지 검산한다.

(4) $3(100) + 4(150) \stackrel{?}{=} 900$
$\quad 300 + 600 = 900$

(5) $3(100) + 2(150) \stackrel{?}{=} 600$
$\quad 300 + 300 = 600$

예상했던 대로다!

가감법

대입법이 약간 번거롭게 변수 하나를 없애는 ('소거하는') 방법이라면, 가감법은 변수를 바로 소거하는 방법이다!

한 방정식의 좌변에서 다른 방정식의 좌변을 빼면, $3x$항이 없어진다. 뺄셈을 해보자.

좌변은 좌변끼리 우변은 우변끼리 서로 빼면, 동일한 것에서 동일한 것을 빼는 것이니 그 결과도 역시 서로 같아야 한다!

이제 x가 소거되어 다음 식이 된다.

$2y = 300$
$y = 150$

원래의 방정식 중 어느 하나에 y 대신 150을 대입하면 x의 값을 구할 수 있다.

(4) $3x + 4y = 900$

　　$3x + 4(150) = 900$

　　$3x + 600 = 900$

　　$3x = 300$

　　$x = 100$

세 번째 방법

이 방법은 '등치법'이라고 할 수 있다.
다음 두 방정식

(4) $3x + 4y = 900$
(5) $3x + 2y = 600$

의 y를 각각 x에 관한 식으로 다시 정리한다.
두 식은 서로 다르다.

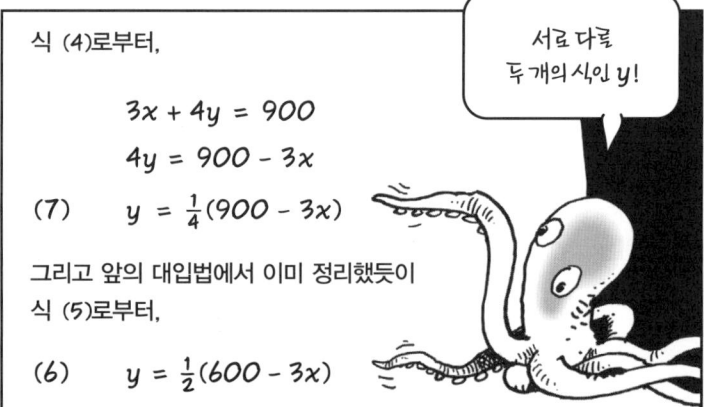

식 (4)로부터,

$3x + 4y = 900$
$4y = 900 - 3x$

(7) $y = \frac{1}{4}(900 - 3x)$

그리고 앞의 대입법에서 이미 정리했듯이 식 (5)로부터,

(6) $y = \frac{1}{2}(600 - 3x)$

서로 다른 두 개의 식인 y!

식 $\frac{1}{4}(900-3x)$와 $\frac{1}{2}(600-3x)$는 둘 다 y이니까, 이들 두 식은 서로 같아야 한다.

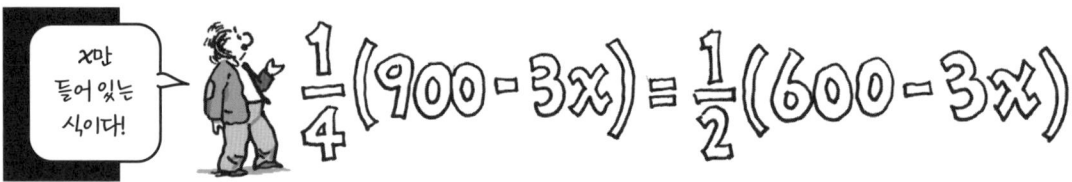

x만 들어 있는 식이다!

$$\frac{1}{4}(900-3x) = \frac{1}{2}(600-3x)$$

이제 우리는 별로 헷갈리지 않고 이 식을 풀 수 있다.

$\frac{1}{4}(900 - 3x) = \frac{1}{2}(600 - 3x)$
$900 - 3x = 2(600 - 3x)$
$900 - 3x = 1200 - 6x$
$6x - 3x = 1200 - 900$
$3x = 300$
$x = 100$

분수를 없애기 위해 양변에 4를 곱한다.

y를 구하기 위해 식 (6)이나 (7)에 x 대신 100을 대입한다.

$y = \frac{1}{2}(600 - 3x)$
$y = \frac{1}{2}(600 - (3)(100))$
$y = \frac{1}{2}(300)$
$y = 150$

한 번쯤은 다른 답이 나올 법도 한데?

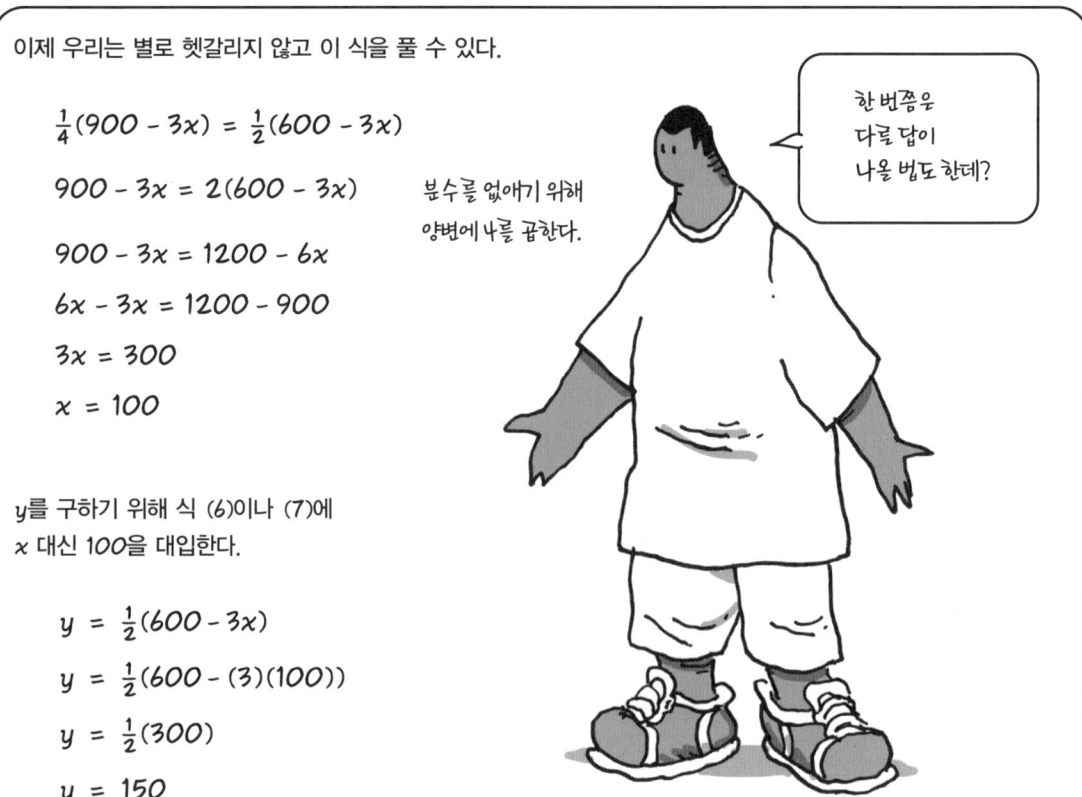

가감법 좀 더 알아보기

앞의 예제에서는, 두 개의 방정식이 모두 3x라는 항을 갖고 있었다. 계수가 3으로 같기 때문에 그 항을 소거하기가 쉬웠다. 변수의 계수들이 서로 **다른** 경우에도 그리 어렵지는 않다. 다음과 같은 경우를 보자.

(8) $5x + 2y = 13$
(9) $2x + 3y = 14$

아이디어는 두 방정식에 어떤 수를 각각 곱해서 변수들 중 하나의 계수가 서로 같아지게 만드는 것이다. 예를 들어, 여기서는, 둘 중 위의 방정식에 3을 곱하고, 아래 방정식에 2를 곱한다. 그러면 두 방정식에 6y라는 항이 나타난다.

$$3 \times (5x + 2y = 13) \implies 15x + 6y = 39$$
$$2 \times (2x + 3y = 14) \implies 4x + 6y = 28$$

이제 앞에서처럼 뺄셈을 하면, 6y항이 없어진다.

$$\begin{array}{r} 15x + 6y = 39 \\ -(\ 4x + 6y = 28\ ) \\ \hline 11x = 11 \\ x = 1 \end{array}$$

그다음 방정식 (8)이나 (9)에 $x = 1$을 대입하여 y를 구한다.

(9) $2x + 3y = 14$
$2(1) + 3y = 14$
$3y = 12$
$y = 4$

답이 맞는지 검산해보라!

난 개인적으로 세 가지의 풀잇법 중에서 가감법이 가장 좋다. 산뜻하고 실수할 가능성이 적거든…. 그리고 97쪽에서 보았듯이, 만화를 그릴 때 페이지 안의 배치가 훨씬 깨끗해지거든, 느낌이 좋아….

가감법은 계수가 음수일 때도 문제없다. 예를 들면,

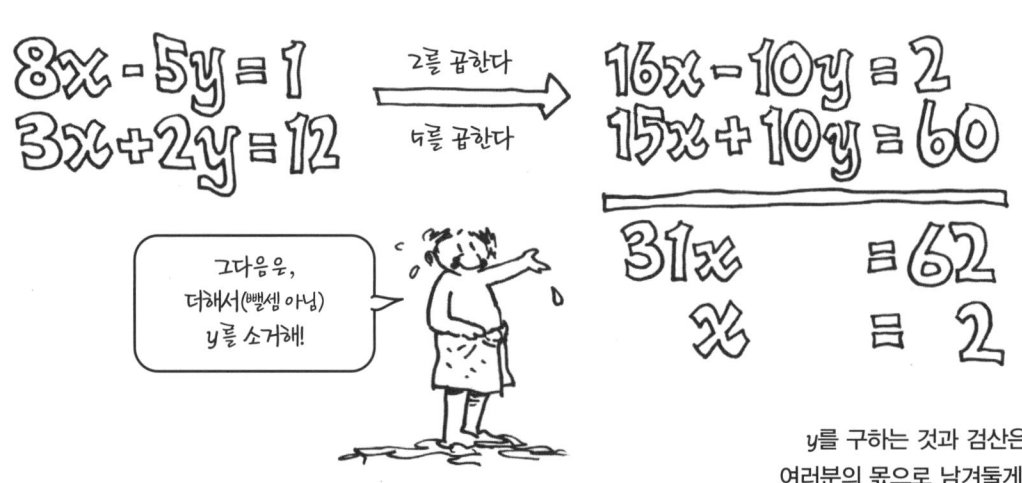

y를 구하는 것과 검산은 여러분의 몫으로 남겨둘게.

주의: 때로는 황당할 때도 있다.
예를 들어 다음 방정식에 가감법을 사용하면

$$x + y = 2$$
$$2x + 2y = 4$$

그 결과가,

$$0 = 0$$

별로 도움이 안 된다! 두 번째 방정식이
첫 번째 방정식의 2배에 불과하기 때문이다.
첫 번째 방정식의 해(아주 많다)는
두 번째 방정식을 역시 만족시킨다.

한편, 다음의 식들은

$$x + y = 3$$
$$x + y = 2$$

빼면, 그 결과가

$$0 = 1$$

뭔가 잘못된 것이다! 이런 방정식들은 해가 없다.
어떻게 두 수인 x와 y를 더한 값이 2도 되고
3도 될 수 있겠나? 말도 안 되지….

다음 장에서는, 방정식들의 그림을 그릴 테니, 이 문제들이 좀더 명확해질 거야….

좀 더 알아볼까?

미지수가 세 개인 세 가지 방정식을 풀 때도 똑같은 방법을 적용할 수 있다.

(10) $x + y + 2z = 4$
(11) $2x + y + z = 3$
(12) $3x + 4y + 2z = 10$

예를 들어 방정식 (10)과 (11)에서 y를 소거한다.

(10) $\quad x + y + 2z = 4$
(11) $-(2x + y + z = 3)$
(13) $\quad -x \quad\quad + z = 1$

그리고 방정식 (10)과 (12)에서도 역시 y를 소거한다.

(4 × 식10) $\quad 4x + 4y + 8z = 16$
(12) $\quad -(3x + 4y + 2z = 10)$
(14) $\quad\quad x \quad\quad + 6z = 6$

(13)과 (14)는 두 개의 변수(x와 z)를 가진 방정식들이기 때문에, 앞에서와 같은 방법으로 풀 수 있다.

(13) $\quad -x + z = 1$
(14) $\quad\underline{x + 6z = 6}$
$\quad\quad\quad 7z = 7$
$\quad\quad\quad z = 1$

$z = 1$을 식 (13)에 대입하여 x를 구한다.

(13) $\quad -x + 1 = 1$
$\quad\quad x = 0$

남아 있는 y를 구하기 위해, 위의 x와 z의 값을 원래의 방정식 중 하나에 대입한다.

(10) $\quad 0 + y + (2)(1) = 4$
$\quad\quad y = 4 - 2$
$\quad\quad y = 2$

이 값들은 세 가지 방정식을 모두 만족시킨다. (꼭 검산해봐!)

연습문제

다음 연립방정식을 풀어라.

1. $x + y = 51$
   $x - y = 3$

2. $r + s = 104$
   $r - s = 5$

3. $6x + 9y = 42$
   $15x - 2y = 7$

4. $2p + 4q = -18$
   $3p - 4q = 3$

5. $\frac{x}{2} + 4y = \frac{5}{2}$
   $x + 7y = 1$

6. $6.9r - 4.2s = 14.7$
   $2r + 2.4s = 18.5$

7. $2p + 4q = -18$
   $3p - 4q = 3$

8. $\frac{1}{3}x - \frac{1}{2}y = 5$
   $\frac{1}{2}y - \frac{1}{4}x = 7$

9. $2t + 3u + 2v = -1$
   $-6t - 5u - v = -11$
   $10t + u - v = 31$

10. $2x + 3y + 10z = 16$
    $3x + 2z = 10$
    $5x - 3y = 2$

11a. 합이 23이고 차가 5인 두 수를 구하라.
  b. 합이 1,026이고 차가 18인 두 수를 구하라.

12. 낚싯배가 농어와 대구를 잡아왔다. 부두에서 농어는 1파운드당 2.25달러에, 대구는 1.85달러에 팔린다. 오늘 수확량은 총 5,000파운드이고, 모두 10,450달러에 팔렸다. 낚싯배가 낚은 농어와 대구는 각각 몇 파운드인가?

13. 합이 12.476이고 차가 17.511인 두 수를 구하라.

14. 제시의 나이를 2배 하여 세리아의 나이와 합하면 44가 된다. 세리아의 나이를 2배 하여 제시의 나이와 합하면 43이 된다. 세리아와 제시의 나이는?

15. 모모가 가진 니켈과 쿼터를 모두 합치면 7달러이다. 동전의 개수는 모두 64개이다. 모모가 가지고 있는 니켈과 쿼터의 개수는?

16. 트럭이 연료통을 꽉 채운 다음 모래를 싣고 건설 현장으로 출발했다. 가는 도중에 적재함 바닥에 뚫린 구멍으로 모래가 계속 새나가고 있다. 트럭이 현장에 도착했을 때, 무게가 110파운드 줄어든 것으로 확인되었다.

인부들은 트럭의 연료통을 가득 채운 다음 운전기사에게 24.80달러를 청구했다. 연료는 1갤런당 4달러이고, 줄어든 모래는 1파운드당 0.06달러라고 한다. 트럭에서 새나간 모래는 몇 파운드인가? 트럭이 연소한 연료는 몇 갤런인가? 연료 1갤런의 무게는 6파운드라고 가정하라.

17. 다음 방정식에서 x와 y를 a에 관한 식으로 나타내어라.

$ax + 2y = 3$
$x + y = 2$

Chapter 8
방정식의 그래프

여러분도 궁금했겠지만,
이 책이 대수학에 관한
최초의 만화책은 아니다….
분명히 아니다….

그 영예는 1600년대 초의 프랑스인
르네 데카르트
에게 돌려줘야 한다.
그는 최초로 대수학을
그림으로 바꾼 사람이다.

데카르트는 두 개의 변수 사이의 관계를 그림으로 나타내고 싶었다.
그는 두 개의 수(數)직선을 서로 나란히 두지 않고…
0인 지점이 서로 교차되도록 만들었다.

이렇게 하니까 전체 평면이 그물망이 되었다. 평면 위의 모든 점은 (x, y)와 같이 두 숫자의 순서쌍으로 된 '주소'를 갖게 된다. 첫 번째 숫자는 그 점의 수평방향의 위치를 말해주고, 두 번째 숫자는 수직방향의 위치를 말해준다. 두 수직선이 교차하는 점은 **원점**이라고 하며, 그 주소는 (0, 0)이다.

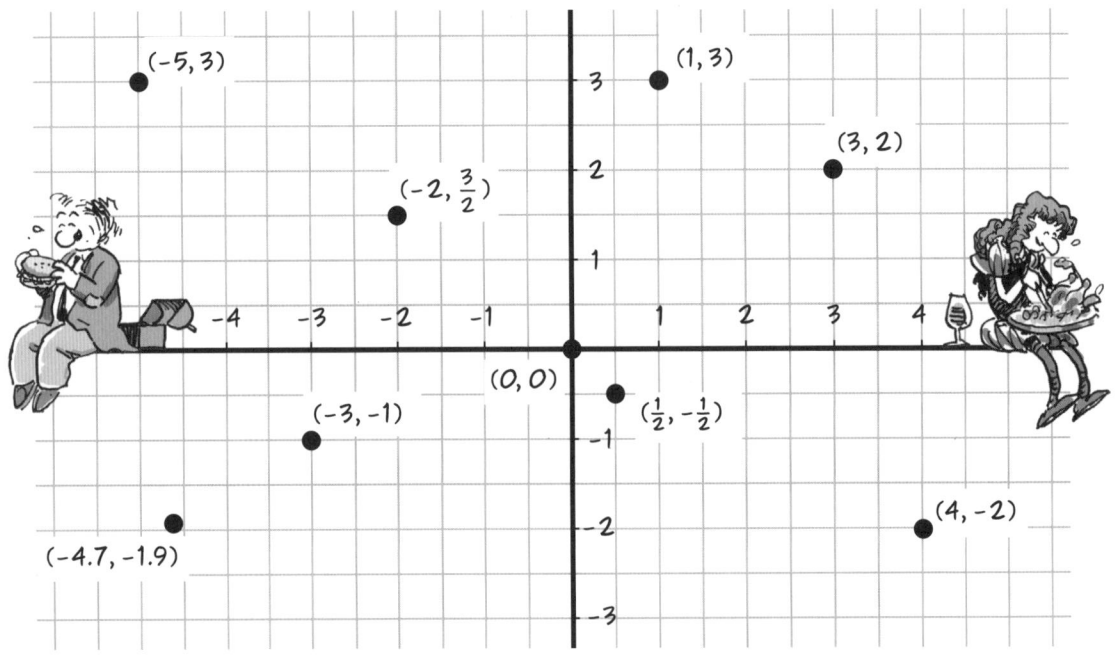

수평방향의 수(數)직선은 **x축**이라고 하고 수직방향의 수(數)직선은 **y축**이라고 한다. 한 점의 주소를 구성하는 두 수는 각각 그 점의 **x좌표**와 **y좌표**라고 한다. 한 점의 x좌표는 그 점을 지나는 수(垂)직선이 x축에 닿는 점이고, y좌표는 그 점을 지나는 수평선이 y축에 닿는 점이다.

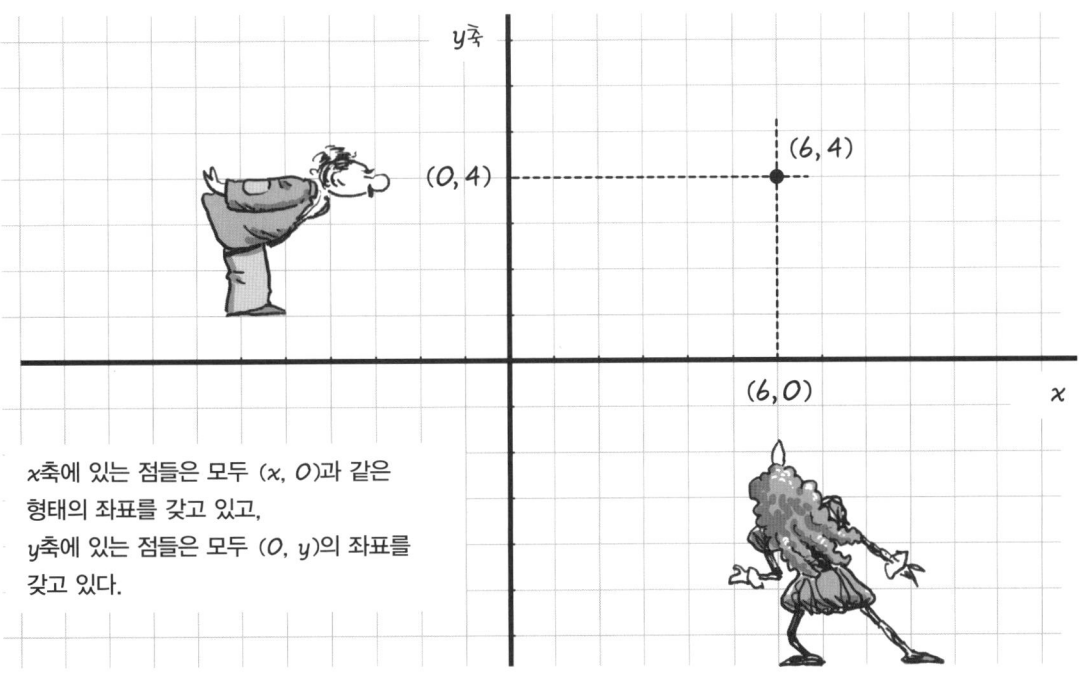

x축에 있는 점들은 모두 (x, 0)과 같은 형태의 좌표를 갖고 있고,
y축에 있는 점들은 모두 (0, y)의 좌표를 갖고 있다.

어떤 도시가 아래 그림(뉴욕시의 맨해튼의 지도를 확인해보면 이와 비슷하다)과 같이 배치되어 있다고 하면, 점 (x, y)는 가로길 x와 세로길 y의 교차점이라고 할 수 있다. 물론, 여러분이 살고 있는 도시는 거리가 끊기기도 하고 꾸불꾸불할 수도 있다….

이제 간단한 방정식인 $y = x$를 그려보자.
순서쌍 (x, y)는 좌표 x와 y가 서로 **같을** 경우에
이 방정식을 만족시킨다.
$(0, 0)$, $(1, 1)$, $(-3.14, -3.14)$와 같이
$x = y$인 점들을 표시해서 서로 연결해보자.
이 점들은 모두 다음 그림과 같은 직선 위에 있으며,
이 직선을 이 방정식의 **그래프**라고 한다.

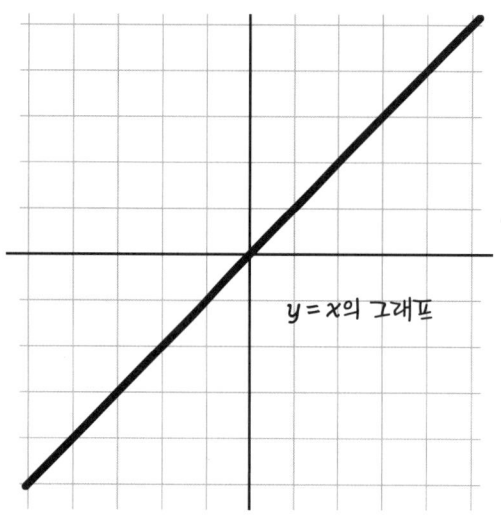

다음으로 방정식 $y = 2x$의 '그래프'를 그려보자.
먼저 몇 개의 x와 y의 값을 보여주는 작은 표를
만든다. 어떤 수를 x의 값으로 취하든 상관없다.

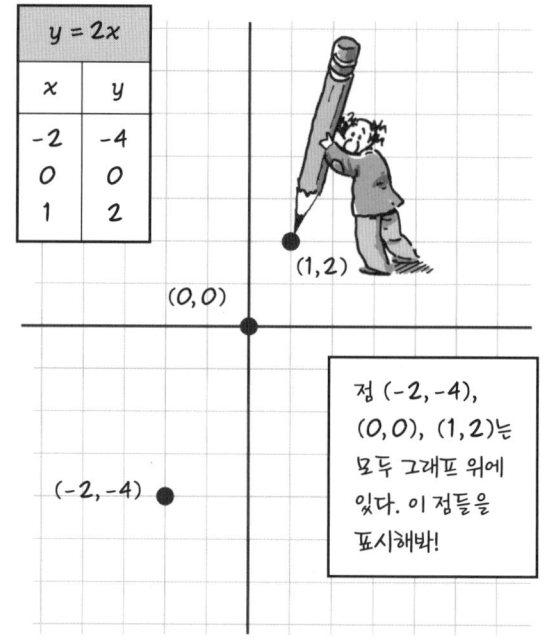

이 점들에 직선자를 놓으면, 이들 모두 하나의 직선
위에 놓여 있음을 알 수 있다. 이 **선 위에 있는 점**들은
모두 방정식 $y = 2x$를 만족시키며, 이 직선이
$y = 2x$의 그래프다. 이미 눈치 챘겠지만,
이 직선은 $y = x$의 그래프보다 가파르다.

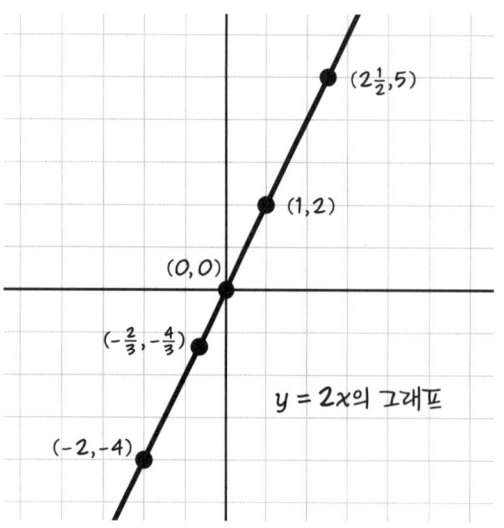

아래 그림은 m의 여러 값에 대해 방정식 $y = mx$의
그래프를 나타낸 것이다. 모든 그래프는 원점을
지나며(그 이유는?), m의 값이 클수록 가파르다.
m이 음수이면, 그래프는 '거꾸로' 기울어진다.
즉 오른쪽으로 내려간다.

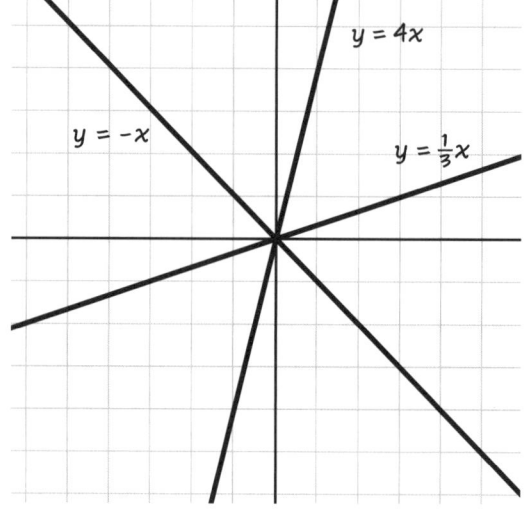

방정식 $y = x+2$의 그래프는 어떨까?
이 경우는, 주어진 x의 값에 2를 더하면 y가 된다.
x축 위의 임의의 점 x에서 수직방향으로
x만큼 간 다음, 2만큼 더 가면 된다.

$y = x+2$	
x	y
-4	-2
0	2
1	3

여러분은 이 그래프가 $y = x$의 그래프를
위로 2만큼 옮긴 것과 똑같다는 걸
발견했을 것이다.

임의의 수 a에 대해, $y = x+a$의 그래프는
$y = x$의 그래프를 수직방향으로 a만큼
($a > 0$이면 위로, $a < 0$이면 아래로)
옮긴 것이다.

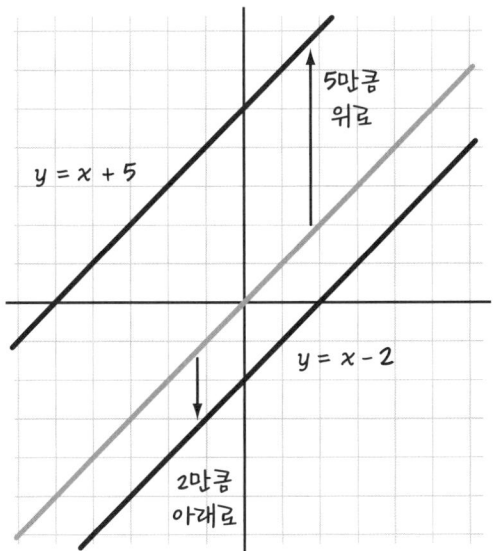

똑같은 방법으로, 임의의 수 m에 대해, 방정식

$$y = mx + b$$

의 그래프는 $y = mx$의 그래프를
수직방향으로 b만큼 옮긴 것과 같다.

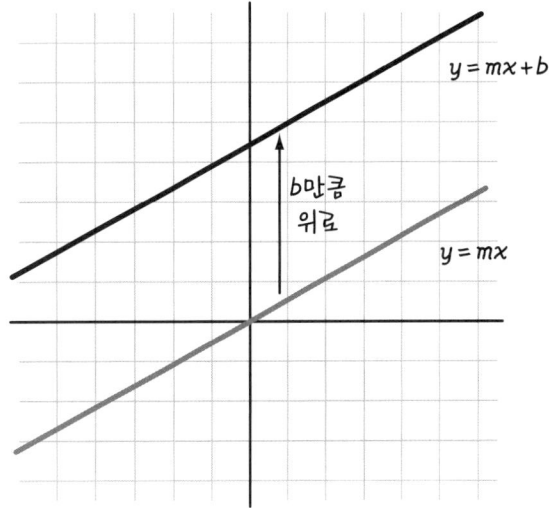

이제 기울기에 대해 좀 더 생각해보기로 하자. 아마 여러분은 오른쪽 그림과 같은 도로 표지판을 본 적이 있을 것이다. **10퍼센트 오르막 경사**는 도로가 전방(수평선) 1마일당 0.1마일씩 올라간다는 의미다.

여러분이 가야 할 전방의 거리('진행거리')에 대해 올라가야 할 높이('상승거리')가 클수록 기울기는 가팔라지고 힘이 든다.

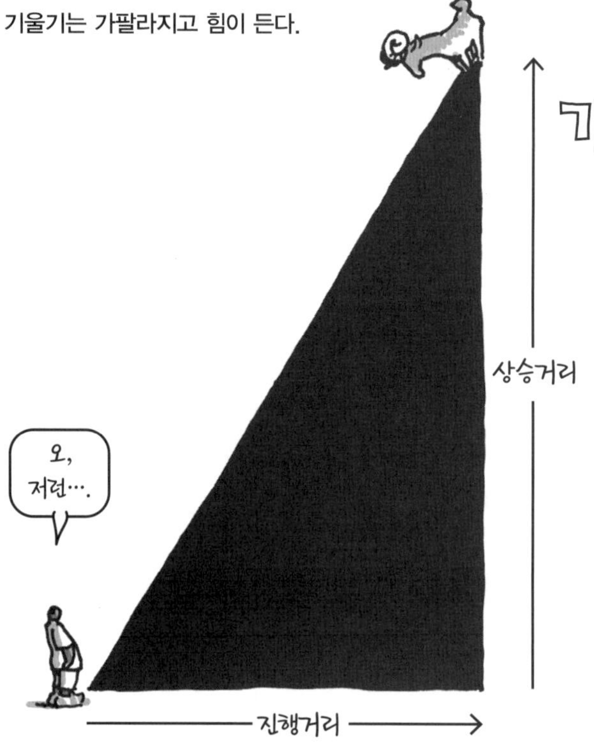

직선의 기울기는 상승거리를 진행거리로 나눈 값이다.

$$기울기 = \frac{상승거리}{진행거리}$$

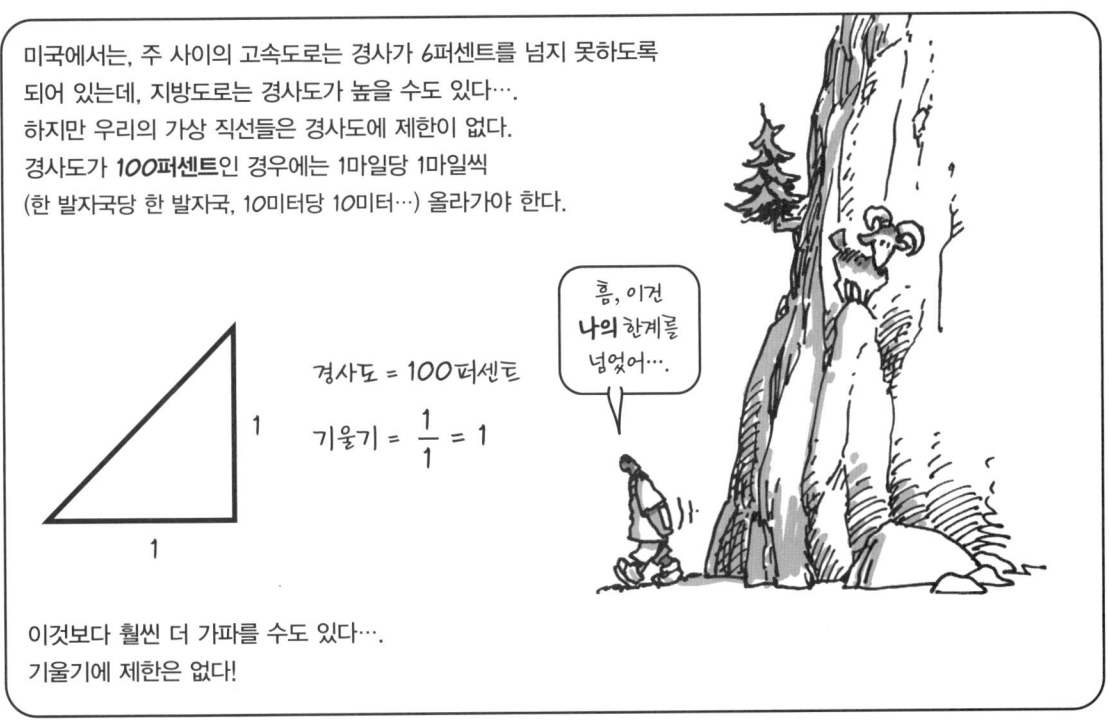

이것보다 훨씬 더 가파를 수도 있다….
기울기에 제한은 없다!

기울기가 내려갈 수도 있다. 개념은 똑같다. 전방으로 갈수록 점점 더 내려간다. 이 경우는 기울기가 **음**이다.

올라가든 내려가든 수학은 똑같다.
고도의 변화(양이든 음이든)를
진행거리로 나눈다.
내려가는 경우에는 '상승거리'가
실제로는 떨어지는 것이니까
음수가 될 뿐이다.

이제 대수학에서는 어떻게 되는지 알아보자.

기울기와 절편

방정식 $y = mx + b$의 그래프에서, 두 수인 m과 b는 무슨 의미인가?
b부터 살펴보자.

$x = 0$일 때, 방정식은

$$y = m(0) + b$$
$$= b$$

점 $(0, b)$는 직선 위에 있다.
다시 말해서, b는 직선이 y축을 자르며
지나는 곳에 있다. 그래서 b를
직선의 **y절편**이라고 한다.

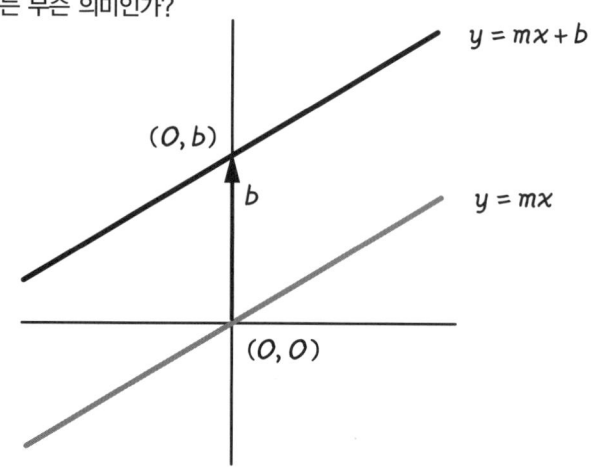

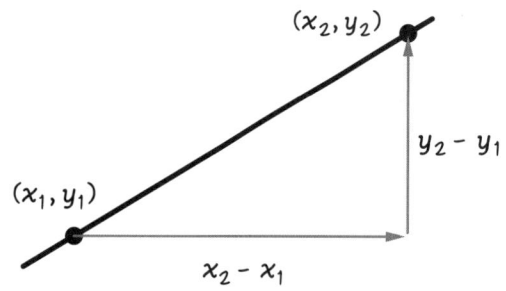

다음으로 m: 107쪽에서 우리는 m이 직선의 기울기와
관계가 있다는 것을 보았다. 이제 기울기를 계산해보자.
직선 위에 있는 임의의 두 점을 정해서 상승거리를
진행거리로 나누면 된다.
두 점의 좌표가 (x_1, y_1)과 (x_2, y_2)*라고 하면,
상승거리는 $y_2 - y_1$이고 진행거리는 $x_2 - x_1$이다.

두 점은 직선 위에 있기 때문에,
두 점의 좌표는 방정식을
만족시킨다.

$$y_1 = mx_1 + b$$
$$y_2 = mx_2 + b$$

y_2에서 y_1을 빼서 상승거리를 구한다.

$$y_2 - y_1 = mx_2 - mx_1 \quad (b\ 상쇄)$$
$$= m(x_2 - x_1) \quad (분배법칙)$$

말로 하면,
진행거리 분의
상승거리는 m!

$x_2 - x_1$은 0이 아니기 때문에, 양변을
이것으로 나눌 수 있고, 그 결과는
상승거리를 진행거리로 나눈 것이 된다.

$$\frac{y_2 - y_1}{x_2 - x_1} = m$$

좌변에 있는 분수를 **차분몫**이라고 한다.
이 식은 직선 위의 임의의 두 점에 대해,
차분몫이 **항상** m이란 뜻이다.
m이 바로 **기울기**다!!

* "엑스 원", "와이 원", "엑스 투", "와이 투"로 읽을 것. 작은 첨자 1, 2는 수학적으로 특별한 의미가 없다. 단지 서로 다른 두 점이
서로 다른 좌표를 '갖고' 있다는 것을 구별해주기 위해 붙였을 뿐이다. 즉 x_1은 첫 번째 점의 x좌표라는 의미일 뿐이다.

예제: 다음 그림은 $y = 2x-1$의 그래프이고, 그 옆에 있는 표는 이 그래프 위의 점들의 좌표를 나타낸 것이다. x가 1만큼 증가할 때마다 y는 x의 계수인 2만큼 증가함에 주목하라.

사실, 이 직선 위의 **임의**의 두 점은 2의 차분몫을 가진다. $(-2, -5)$와 $(2, 3)$의 경우

$$\frac{y_2 - y_1}{x_2 - x_1} = \frac{3-(-5)}{2-(-2)}$$

$$= \frac{8}{4} = 2$$

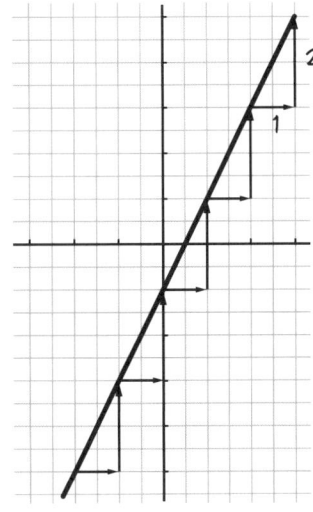

x	$2x-1$
-3	-7
-2	-5
-1	-3
0	-1
1	1
2	3
3	5

다른 두 점을 선택해서 차분몫을 계산해보라. 답이 2가 아니면, 여러분의 계산이 틀린 것이다!

방정식 $y = mx + b$는

기울기 – 절편의 형태

를 취하고 있다. 이 방정식으로부터 기울기와 y절편을 바로 알 수 있다. 즉 그래프가 얼마나 가파른지, 원점에서 얼마나 떨어져 지나가는지를 알 수 있다. 또한 x의 각 값에 대한 y값도 바로 알 수 있다.

예제: 다음 방정식의 그래프를 그려라.

$$6x - 2y = 5$$

그리고 기울기와 y절편을 구하라.

풀이: 먼저 대수학을 이용하여 방정식을 기울기 – 절편 형태로 다시 쓰자.

$$6x - 2y = 5$$
$$-2y = -6x + 5$$
$$y = 3x - \frac{5}{2}$$

기울기는 3이고, y절편은 $-5/2$이다. (여러분은 표를 만들어. 난 그래프를 그릴 테니까!)

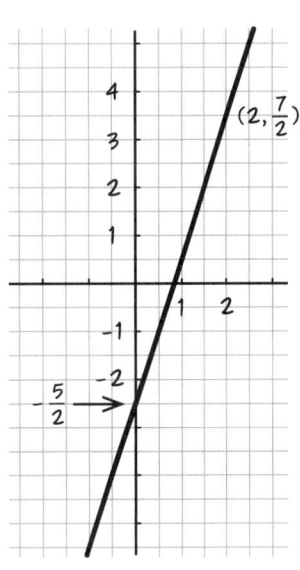

직선에서 방정식 구하기

지금까지 우리는 방정식에서 출발하여 그 그래프를 그렸다.

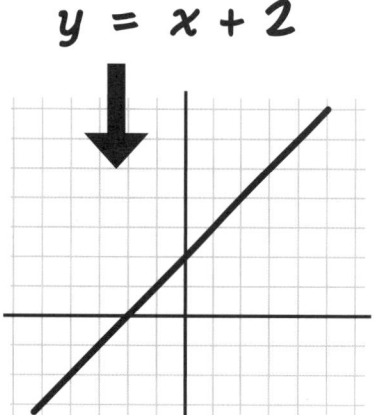

이제 그 반대로, 직선에서 방정식을 구해보자. 직선이 주어지면, 그런 그래프를 갖는 방정식을 어떻게 구할 수 있을까?

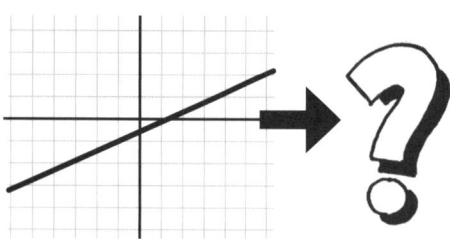

방정식을 구하려면, 직선에 대해 얼마나 많이 알아야 할까?

예를 들어 기울기 하나만 아는 것으로는 부족하다. 기울기가 같은 직선들이 무수히 많기 때문이다. 어떤 방정식이 '우리의' 직선을 그래프로 갖는지를 어떻게 알 수 있을까?

우선, 우리가 직선의 기울기**와** y절편을 안다면, 즉시 방정식을 쓸 수 있다. 물론, 기울기 - 절편의 형태로! 예를 들어 어떤 직선의 기울기가 -1이고 y절편이 -5이면, 그 방정식은 $y = -x - 5$임에 **틀림없다**.

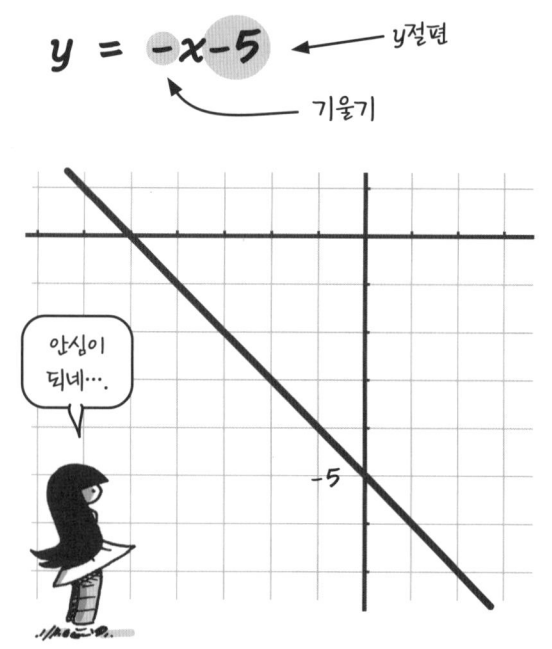

직선으로부터 방정식을 구하는 다른 방법들을 알아보자.

점과 기울기

y절편에 대해서는 더 이상 알아볼 것이 없다.
그런데 **임의**의 점 (a, b)가 주어진 경우, 기울기가 m이고
이 점을 지나는 직선은 하나밖에 없다.

이 직선의 방정식은 다음과 같다.

$$y - b = m(x - a)$$

이런 방정식을 **점-기울기 형태**라고 한다.
그래프가 정말로 (a, b)를 지나는지 알아보려면,
$x = a$일 때의 y를 구해보면 된다. a 대신에 a을 대입하면,

$y - b = m(a - a) = m \cdot 0$
$y - b = 0$
$y = b$

즉 $x = a$이면, $y = b$이다. 그래서 점 (a, b)는
이 방정식의 그래프 위에 있다.

위 방정식을 전개해서 다시 정리하면,
그래프의 기울기가 m임을 알 수 있다.

$y - b = m(x - a)$
$y - b = mx - ma$
$y = mx + (b - ma)$

$b - ma$는 상수다. 위의 방정식은 기울기-절편 형태이며,
기울기가 m이고 y절편은 $b - ma$이다.

예제: 기울기가 6이고, 점 $(7, 11)$을 지나는 직선의 방정식을 찾아라.

풀이: 점-기울기 공식을 바로 적용하면 다음과 같다.

$$y - 11 = 6(x - 7)$$

이 식을 전개해서 기울기-절편 형태로 다시 정리하면,

$y - 11 = 6x - 42$
$y = 6x - 31$

y절편은 -31이다.

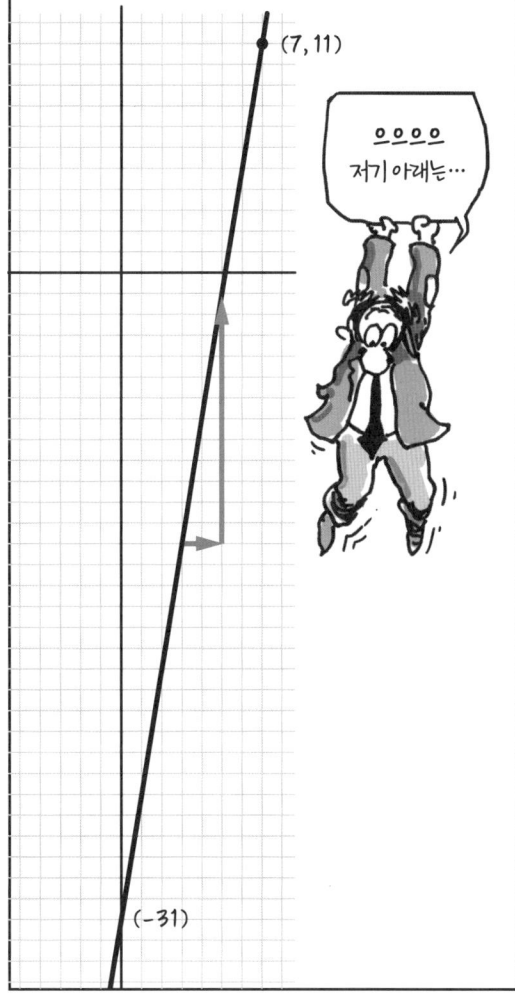

두 개의 점

두 개의 점이 주어지면, 여러분은 이들 두 점을 지나는 단 하나의 직선을 그릴 수 있다.

좌표평면에서 어떤 직선이 두 점 (x_1, y_1)과 (x_2, y_2)를 지난다면, 그 방정식은 뭘까?

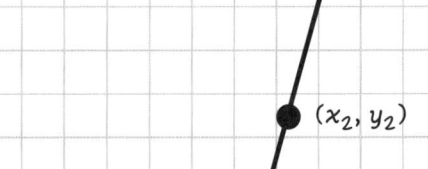

먼저 차분몫으로부터 기울기를 구한다.

$$m = \frac{y_2 - y_1}{x_2 - x_1}$$

진행거러 분의 상승거러!

다음으로, 기울기와 한 점을 사용하여 점-기울기 공식을 적용한다. 첫 번째 점 (x_1, y_1)을 사용하면, 방정식은

$$y - y_1 = \left(\frac{y_2 - y_1}{x_2 - x_1}\right)(x - x_1)$$

두 번째 점을 사용하면 다음과 같은 방정식이 되어, 위의 방정식과는 다르게 보이지만, 전개해서 정리하면 서로 같다는 것을 알 수 있다.

$$y - y_2 = \left(\frac{y_2 - y_1}{x_2 - x_1}\right)(x - x_2)$$

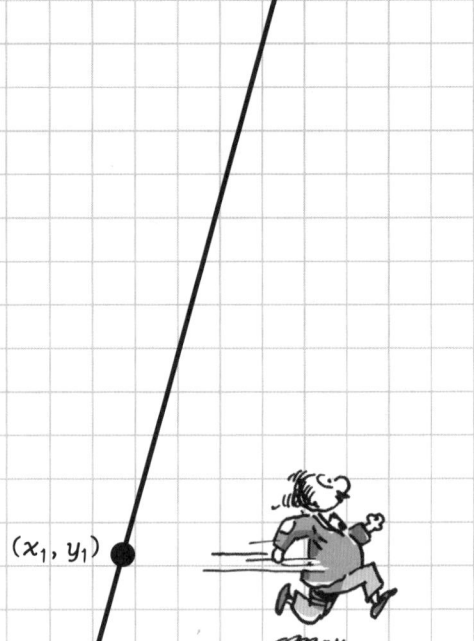

예제:

두 점 $(-6, -2)$와 $(6, 4)$를 지나는 직선의 방정식을 구하라.

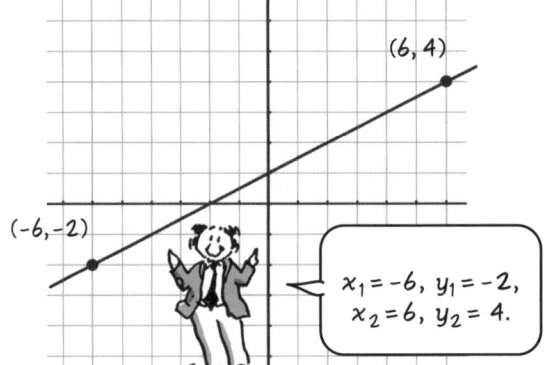

$x_1 = -6,\ y_1 = -2,$
$x_2 = 6,\ y_2 = 4.$

풀이: 먼저, 차분몫을 계산해서 기울기를 구한다.

$$\frac{4-(-2)}{6-(-6)} = \frac{6}{12} = \frac{1}{2}$$

한 점과 기울기를 점-기울기 공식에 대입한다. 점은 $(6, 4)$를 사용하자.

$$y - 4 = \tfrac{1}{2}(x - 6)$$
$$y - 4 = \tfrac{1}{2}x - 3$$
$$y = \tfrac{1}{2}x + 1$$

두 개의 방정식, 두 개의 직선

앞 장에서, 다음처럼 두 개의 변수가 포함된
연립방정식을 살펴보았다.

$$3x + 4y = 9$$
$$3x + 2y = 6$$

$ax+by=c$의 형태인 이런 방정식들을 **일반형**이라고 한다.
$ab \neq 0$이면, 이 방정식들은 기울기-절편 형태로
쉽게 바꿔 쓸 수 있고, 그래프도 쉽게 그릴 수 있다.

$$3x + 4y = 9 \qquad 3x + 2y = 6$$
$$4y = -3x + 9 \qquad 2y = -3x + 6$$
$$\boxed{y = -\frac{3}{4}x + \frac{9}{4}} \qquad \boxed{y = -\frac{3}{2}x + 3}$$

연립방정식의 해는 한 쌍의 숫자인 (x, y)이고, 이것은 두 방정식을 동시에 만족시킨다.
점 (x, y)는 두 그래프 위에 있다는 뜻이다. 다시 말해서, 연립방정식의 해는 그 **그래프들의 교차점**이다!!

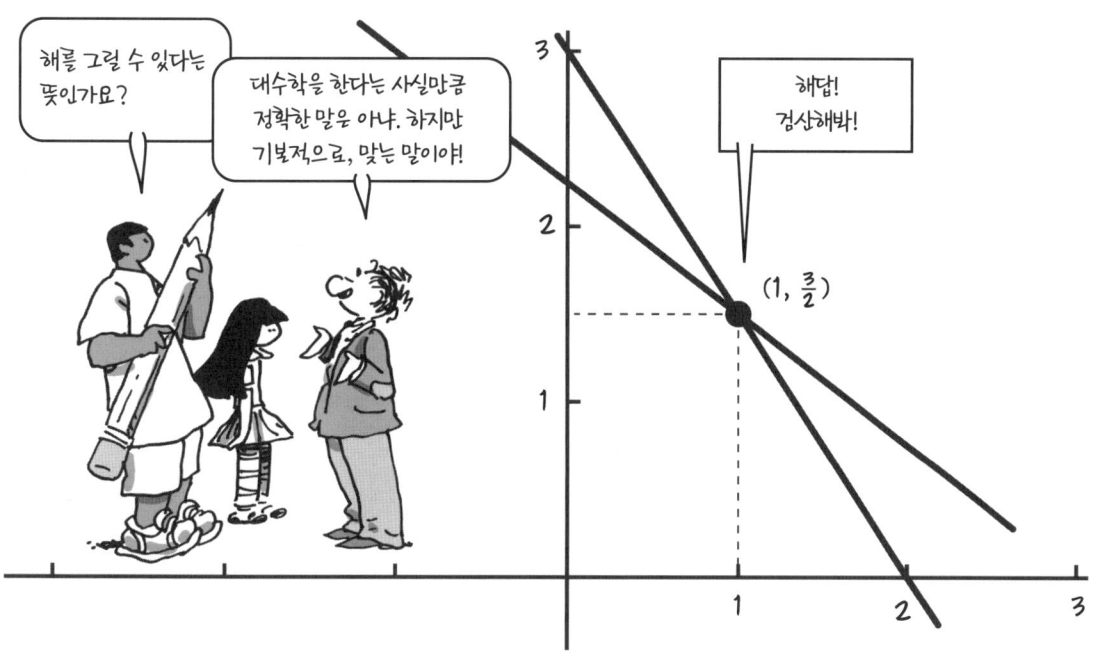

평행한 직선들

앞 장에서 보았듯이, 연립방정식에 해가 **없을** 수도 있다…. 이제 그 이유를 알 수 있다. 두 방정식의 그래프가 서로 **절대 만나지 않을** 경우에 그런 일이 일어난다.

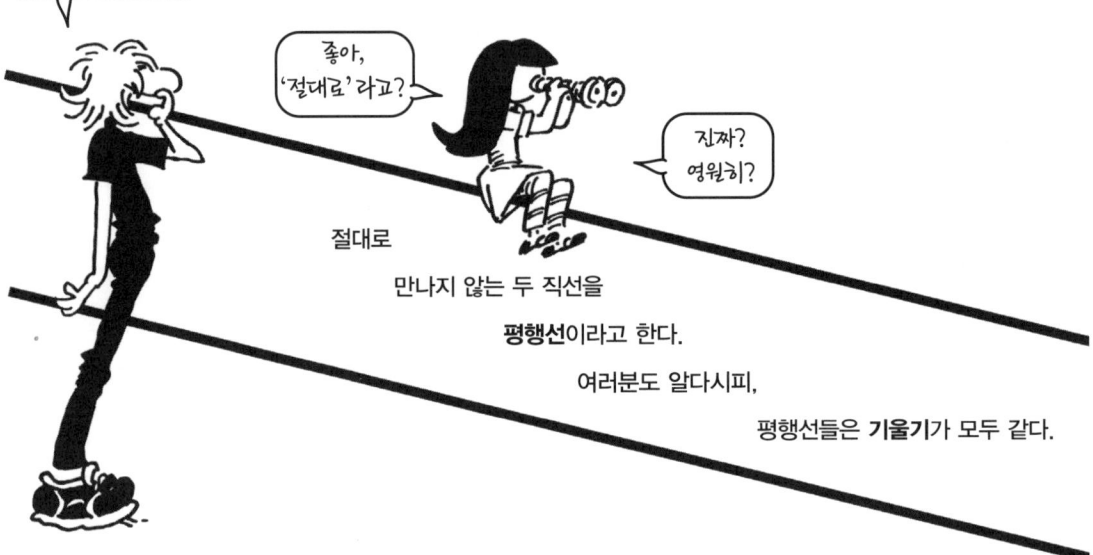

절대로 만나지 않는 두 직선을 **평행선**이라고 한다.

여러분도 알다시피, 평행선들은 **기울기**가 모두 같다.

선형 연립방정식들을 기울기-절편 형태로 바꾸면, 이 방정식들의 그래프가 평행선인지 아닌지를 쉽게 알 수 있다. 다음 방정식을 예로 들어보자.

(1) $3x + 5y = 5$
(2) $6x + 10y = 20$

이 방정식들을 기울기-절편 형태로 바꾸면, 다음과 같다.

(1a) $y = -\dfrac{3}{5}x + 1$

(2a) $y = -\dfrac{3}{5}x + 2$

y절편이 서로 다르기 때문에, 두 그래프는 서로 떨어져 있다. 하지만 기울기가 $-3/5$로 서로 같기 때문에, 두 그래프는 평행선이다. 그래서 이 방정식들은 공통의 해가 없다.

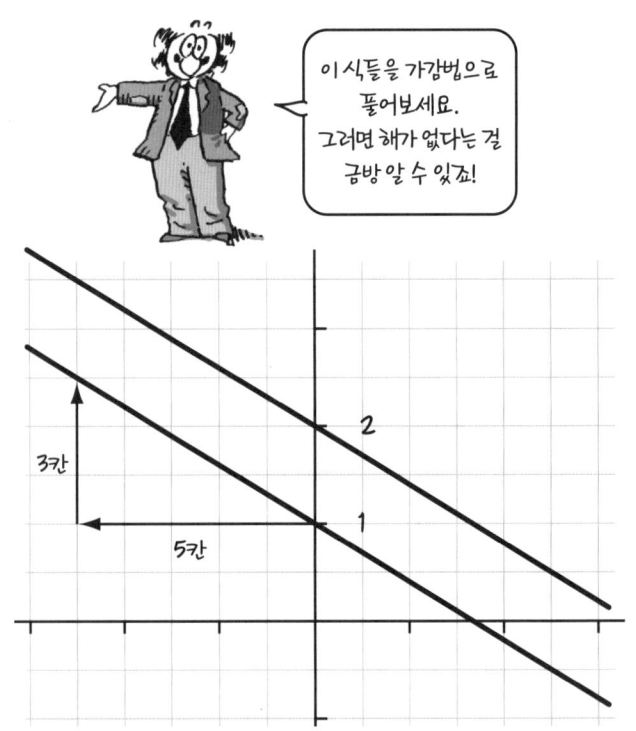

두 선형 방정식의 관계는, 다음 중 하나다.

1. 두 그래프가 서로 **같**다.

2. 두 그래프가 서로 **평행**이다.

3. 두 그래프가 한 점에서 **만난**다.

주어진 두 방정식에 대해, 어느 경우에 해당되는지를 어떻게 알 수 있을까?
a, b, c, d, e, f가 모두 어떤 상수이고, b와 d는 모두 0이 아니라고 하자.
(b와 d는 두 방정식에서 y의 계수이고, 이 계수로 나눌 것이기 때문이다.)
일반형 방정식인 (3)과 (4)에 대해 알아보자.

(3)　　$ax + by = e$　이 방정식들을 기울기-절편　(3a)　$y = -\dfrac{a}{b}x + \dfrac{e}{b}$

(4)　　$cx + dy = f$　형태로 바꾸면　(4a)　$y = -\dfrac{c}{d}x + \dfrac{f}{d}$

(y절편: $\dfrac{e}{b}$, $\dfrac{f}{d}$　기울기: $-\dfrac{a}{b}$, $-\dfrac{c}{d}$)

기울기와 절편을 서로 비교해서, 그래프를 그리면…

결론:

1. $a/b = c/d$이고 $e/b = f/d$이면, 두 방정식의 그래프는 기울기와
y절편이 서로 같다. 즉 같은 직선이다!
이 직선 위의 모든 점들은 두 방정식을 만족시킨다.

2. $a/b = c/d$이고 $e/b \neq f/d$이면, 두 방정식의 그래프는
기울기가 같지만, y절편은 다르다.
두 그래프는 평행선이고 해는 없다.

3. $a/b \neq c/d$이면 두 그래프는 기울기가 서로 다르다.
그래서 두 그래프는 한 점에서 만나며, 이 교점은
두 방정식을 동시에 만족시킨다.

수평선과 수(垂)직선

다음의 방정식

$$ax + by = c$$

우리는 $b \neq 0$이라고 가정해왔다.
이것은 방정식이 다음과 같이

$$2x + 6y = 4$$
$$9x - 503y = 7{,}021{,}077$$

또는

$$y = 8$$

와 같은 형태임을 의미한다.
(x의 계수인 a는 0이 될 수 있다!)
그런데 $b = 0$이면 어떻게 될까?
다음과 같은 방정식이 된다.

이 방정식의 그래프는 **수직인 직선**이다.
즉 모든 점의 x좌표가 모두 c이다.
수직선의 기울기는… **무한대**이다.
이 직선은 가만히 있어도
끝없이 상승(또는 하락)한다.

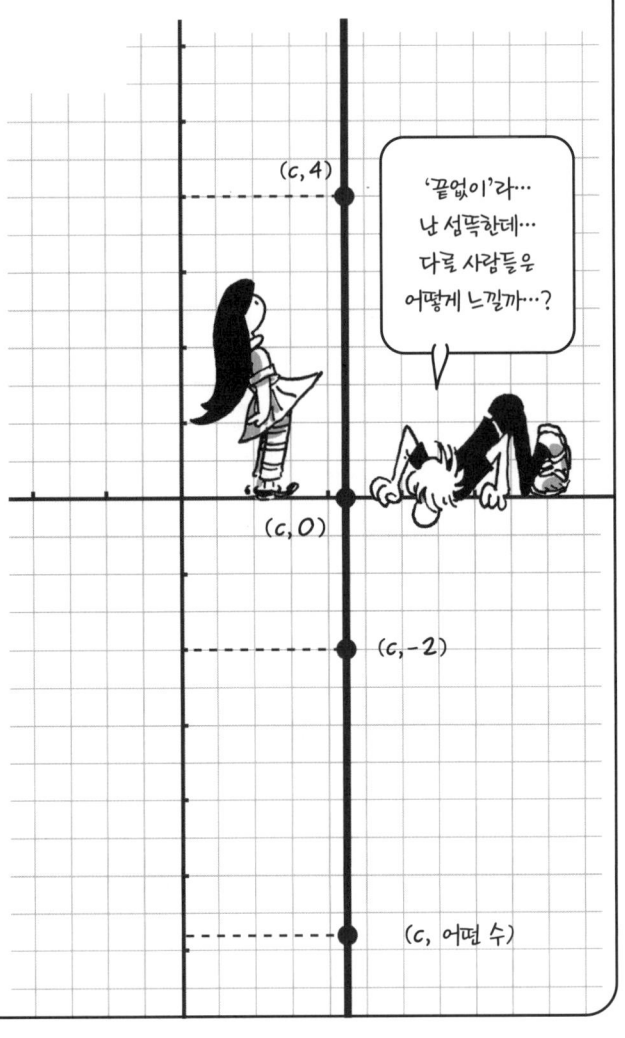

한편, $a = 0$일 때는 방정식은 다음과 같다.

$$y = c$$

이 방정식의 그래프는 기울기가
0인 수평선이다.
(진행해도 상승이 없다.)

서로 수직인 직선들

마지막으로, 재미 삼아, 두 직선이 직각으로 만나는 것이 대수학적으로 어떤 의미가 있는지 알아보기로 하자. 이런 직선들을 **직교**한다고 하며, 교점을 살펴보면 사각형의 모서리처럼 네 개의 각도가 모두 같음을 알 수 있다. 예를 들면 좌표축이 그런 경우다. 두 직선 L_1, L_2가 직교하고, L_1의 기울기가 m일 때 다른 직선 L_2의 기울기는 어떻게 될까?

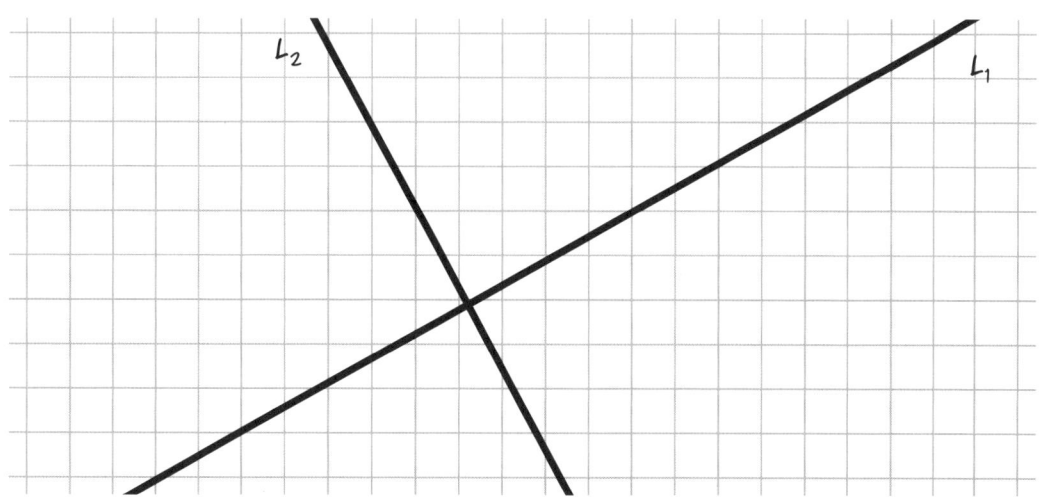

먼저, 두 직선이 원점에서 만나도록 이동시키자. 두 직선의 기울기는 변하지 않는다. 그리고 점 $(1, m)$은 직선 L_1 위에 있다. (직선 $y = mx$는 항상 점 $(1, m)$을 지난다!)

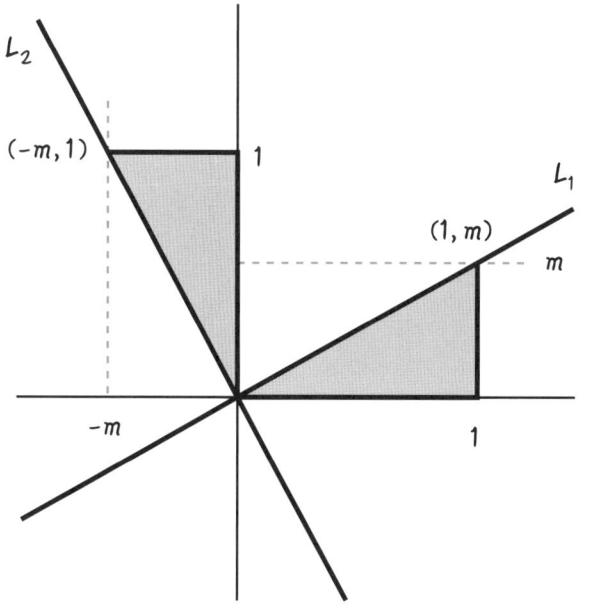

왼쪽 그림에서, 삼각형 모양의 음영부분은 방향만 다를 뿐 정확하게 같다.
삼각형의 두 변의 길이는 각각 1과 m이다.
그래서 직선 L_2는 점 $(-m, 1)$을 지난다.

이것은 L_2의 기울기가

$$\frac{1}{-m} = -\frac{1}{m}$$

이라는 뜻이다. 즉,
직교하는 직선의 기울기는
다른 직선의 기울기의 **음의 역수**이다.
(어느 직선도 수직선이 아니라고 가정!)

이 장에서 우리는 많은 것을 공부했다….

여러 점들이 각각 고유의 좌표인 (x, y)를 갖도록 흩는 것으로부터 시작해서, $ax+by=c$처럼 두 개의 변수를 가진 방정식의 그래프를 그려보았고, 이 그래프가 직선이라는 것도 알아냈다.

우리는 올라가거나 내려가는 직선의 기울기에 대해서도 배웠다.

기울기는 무한대도 될 수 있어!

직선의 방정식은 다음과 같은 두 개의 조건에 따라 결정된다는 것도 알았다.

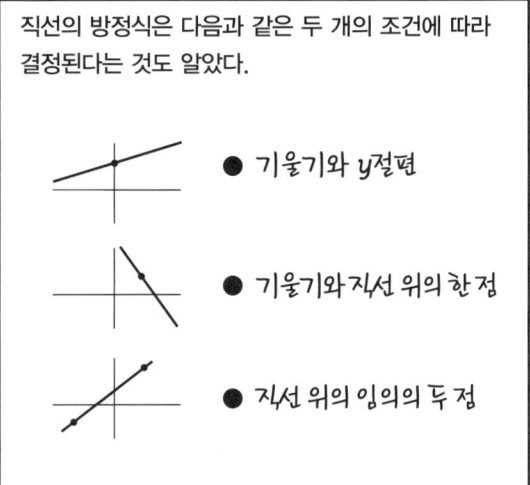

● 기울기와 y절편

● 기울기와 직선 위의 한 점

● 직선 위의 임의의 두 점

다음과 같은 두 개의 선형 방정식들은

$ax + by = e$
$cx + dy = f$

그래프가 만날 때 공통의 해를 가지고, 그 해인 (x, y)는 그래프의 교점이라는 것도 알았다.

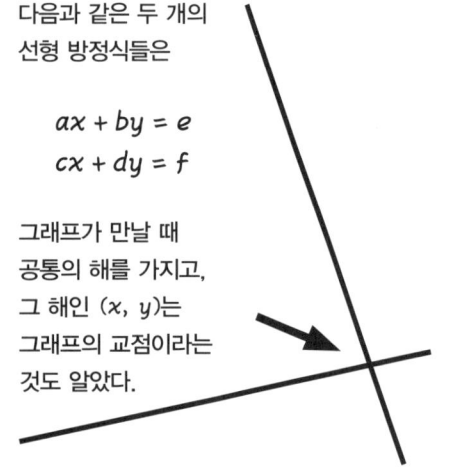

또한 두 그래프는 $(a/c) \neq (b/d)$일 때 서로 만난다는 것도 공부했다. 이것을 다시 쓰면 다음과 같다.

$$ad \neq bc$$

왜냐하면,

$\dfrac{a}{c} = \dfrac{b}{d}$ 에서

$cd\dfrac{a}{c} = cd\dfrac{b}{d}$ 양변에 cd를 곱한다

$ad = bc$ 약분한 후의 결과

간단하군!

또한 나는 여러분이 직선이 **아닌** 그래프도 있다는
생각의 씨앗을 뿌려서 키워주길 바란다.

다음 방정식이 그런 예다.

$xy = 1$ 또는 $y = \dfrac{1}{x}$

이 그래프 위에 있는 각 점들의 좌표는 서로 역수 관계다.
x와 y가 0이 아닌 한, 변수의 값들을 표로 만들어서 그래프를 그릴 수 있다.
그래프는 곡선이다!

$y = 1/x$	
x	y
$\frac{1}{5}$	5
$\frac{1}{4}$	4
$\frac{1}{3}$	3
$\frac{1}{2}$	2
1	1
2	$\frac{1}{2}$
3	$\frac{1}{3}$
4	$\frac{1}{4}$
5	$\frac{1}{5}$

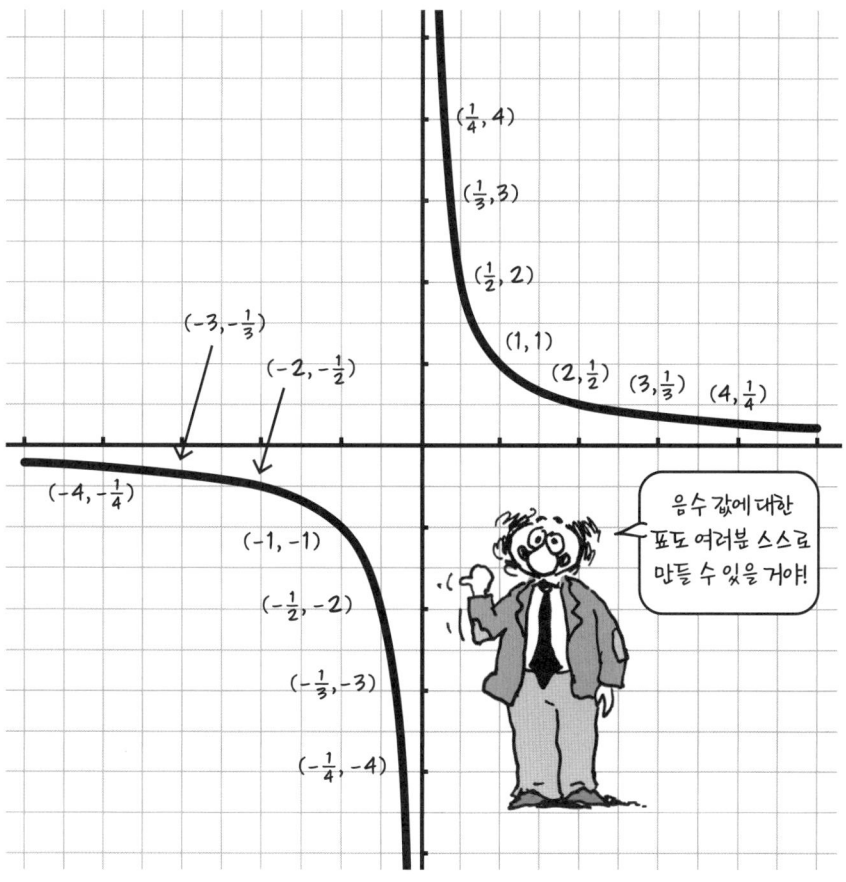

하지만 진도는
더 이상 나가지
않기로 하자.
괜찮지?
이제 연습문제를
좀 풀어보자….

연습문제

이번 연습문제를 풀기 위해서는 대부분 모눈종이가 필요할 것이다.
사든지, 아니면 http://goo.gl/ba0Dej에서 그림파일을 다운받아서 가능한 많이 준비하길 바란다.

1. 좌표축을 그리고 눈금을 매긴 후 다음 점들을 표시하라.

$(1, 1)$, $(0, 6)$, $(-3, 0)$, $(-3.5, -0.25)$,
$(4, -3)$, $(-4, 3)$, $(4, 3)$, $(-4, -3)$,
$(\frac{1}{2}, 9)$, $(-\frac{1}{4}, -\frac{1}{4})$.

2. 다음 방정식들의 그래프를 그려라.

  a. $y = 3x$
  b. $y = 3x - 4$
  c. $y = -x + 7$
  d. $4y = 8 - 2x$
  e. $x + y = 5$
  f. $2x + 2y = 7$
  g. $3x - 2y = 4$
  h. $x - 2y = -3$
  i. $-3x - 4y = -9$
  j. $-14x + 7y = 0$
  k. $4y - \frac{1}{2}x = 9$
  l. $\frac{x}{2} + \frac{y}{3} = \frac{5}{3}$
  m. $4.38 - 1.7y = x$

3. 다음 직선의 방정식을 구하고, 그래프를 그려라.

  a. 기울기가 3이고 y절편이 5인 직선
  b. 기울기가 3이고 점 (1, 1)을 지나는 직선
  c. 기울기가 500이고 y절편이 2001인 직선
  d. 기울기가 $-\frac{1}{3}$이고 y절편이 $-\frac{1}{5}$인 직선 절편
  e. 기울기가 -60이고 점 (2, 3)을 지나는 직선
  f. 기울기가 $\frac{3}{4}$이고 점 (-4, -3)을 지나는 직선
  g. 두 점 (-5, -2)와 (-4, 1)을 지나는 직선
  h. 두 점 (-2, -2)와 (2, -4)를 지나는 직선

4a. 점 (3, 4)는 방정식 $y = \frac{2}{3}x + 2$의 그래프 위에 있는가? 점 (-3, 1)은?

  b. 점 (7, 4)는, 기울기가 2이고 점 (5, 1)을 지나는 직선 위에 있는가?

  c. 점 (7, -2)는, 두 점 (2, 3)과 (3, 2)를 지나는 직선 위에 있는가? 이 직선과 직선 $x = -14$의 교점은?

5a. 점 (1, 2)를 지나고 $8x - 2y = 7$의 그래프에 평행한 직선의 방정식을 구하라.

  b. 두 점 (-3, 0)과 (3, 4)를 지나는 직선에 평행이고, 점 (0, 3)을 지나는 직선의 방정식을 구하라.

  c. 점 (2.35, 6.147)을 지나고, $y = x$의 그래프에 수직인 직선의 방정식을 구하라.

  d. $y = 5$의 그래프에 수직이고 점 (700, -31)을 지나는 직선의 방정식을 구하라.

6. 다음 두 방정식의 그래프를 그려서, 해의 근삿값을 구하라.

$$13.408x + 3.2y = 47.82$$
$$1.479x - 1.7y = -2.295$$

7. 직선 $y = mx$가 점 (1, m)을 지나는 이유를 설명하라.

8. 직선 $y = mx + b$가 두 점 (x_1, y_1)과 (x_2, y_2)를 지난다. $x_2 = x_1 + p$일 때, y_2를 y_1으로 나타내라.

9a. 방정식 $xy = 6$의 그래프를 그려라. (먼저 변수들의 값의 표를 만들 것. 음수도 포함할 것.) 동일한 좌표계에 $x + y = 5$의 그래프를 그려라.

  b. 위의 두 그래프의 교점을 근삿값으로 구하라. 그리고 두 방정식을 풀어 해를 구하라.

  c. 방정식 $xy = 6$, $x - y = 5$에 대해, 문제 9a와 9b를 풀어라.

Chapter 9
거듭제곱 놀이

지금까지 우리는 소심하게 변수들(또는 $4x+2y$에서처럼 변수들의 배수들) 사이에 항상 플러스 또는 마이너스 부호를 넣었다. 8장 마지막 부분에 이르러서야 비로소 그런 부호 없이 xy라고 썼다.

(사실, 엄격히 말하면 두 변수의 곱인 ax와 같은 식을 썼지만… 암묵적으로는, x가 변하는 동안 a는 고정된 상수로 생각했어.)

이 장에서는 변수들을 서로 곱하고 나눌 것이며… a와 b 같은 문자도 변수로 취급할 것이다.

첫 번째 곱셈은 xx처럼 어떤 변수 **자체**의 곱이다. x를 하나 더 곱하면 xxx이고, $xxxx$, $xxxxx$처럼 원하는 만큼 계속 곱해나갈 수 있다.

잉크와 종이를 아끼기 위해서는, 약어가 필요하다. 그래서 xx는 x^2으로, xxx는 x^3으로, $xxxx$는 x^4으로… 줄여 쓴다. 이들을 각각 x는 두 번째, 세 번째, 네 번째 **거듭제곱**되었다고 하며, x^4을 "엑스의 4승"이라고 읽는다. x^n("엑스의 n승")은 n개의 x의 곱이고, x 위에 얹혀 있는 작은 수를 **지수**라고 한다.

지수 계산의 예:

$1^2 = 1 \times 1 = \mathbf{1}$

$2^2 = 2 \times 2 = \mathbf{4}$

$2^3 = 2 \times 2 \times 2 = \mathbf{8}$

$(-5)^3 = (-5) \times (-5) \times (-5)$
$= 25 \times (-5) = \mathbf{-125}$

$(-8)^2 = (-8)(-8) = \mathbf{64}$

$(1.5)^5 = (1.5 \times 1.5) \times (1.5 \times 1.5) \times (1.5)$
$= (2.25) \times (2.25) \times 1.5$
$= 5.0625 \times 1.5$
$= \mathbf{7.59375}$

x^2과 x^3은 특별한 이름을 갖고 있다.
x^2은 모든 변이 x인 정사각형(square)의 면적이기 때문에 **x제곱**(x squared) 이라고 한다.

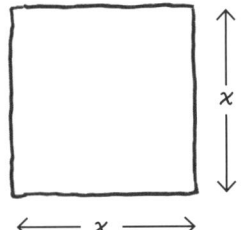

x^3은 모든 변이 x인 육면체(cube)의 부피이기 때문에 **x세제곱**(x cubed) 이라고 한다.

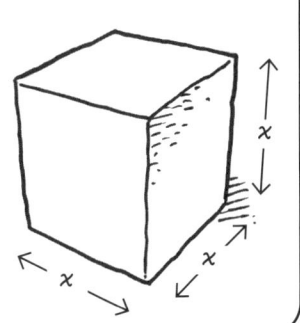

오른쪽 표는 제곱과 세제곱의 값을 계산한 것이다.
제곱은 절대 음수가 아닌 것을 알 수 있다.
x^2은 $(-5)(-5) = 25$처럼 부호가 같은 두 수의 곱이기 때문이다.
하지만 음수의 세제곱은 항상 음수다.
$(-5)(-5)(-5) = (25)(-5) = -125$ (61쪽을 봐.)

x	x^2	x^3
-6	36	-216
-5	25	-125
-4	16	-64
-3	9	-27
-2	4	-8
-1	1	-1
0	0	0
1	1	1
2	4	8
3	9	27
4	16	64
5	25	125
6	36	216

이제 우리는 아래처럼 새로운 종류의 대수식을 쓸 수 있다.

125

지수를 올리는 이 새로운 연산인 거듭제곱법은 초장에 제기했던 '계산 순서는 어떻게 되는가?'라는 의문을 다시 떠올리게 한다. 46쪽의 법칙(곱셈 다음에 덧셈)이 지수에도 적용된다. 괄호가 없으면 계산 순서는 **항상 지수 다음에 곱셈**(또는 나눗셈)의 순이다.

$3x^2$ 의 의미는

1. x를 제곱한 다음
2. 3을 곱한 것이다.

다시 말해서, $3(x^2)$이다!

예제:

1. $3 \cdot 4^2 + 9$를 계산하라.

법칙: 먼저 지수, 다음 곱셈, 그다음 덧셈 순이다.

$$3 \cdot 4^2 + 9 = 3 \cdot 16 + 9$$
$$= 48 + 9 = 57$$

2. $a = 3$, $b = 2$일 때, $ab^3 - 18$을 계산하라.

먼저, 주어진 값들을 대입하면

$$3 \cdot 2^3 - 18$$

제일 먼저 2^3을 계산한다.

$$3 \cdot 2^3 - 18 = 3 \cdot 8 - 18$$
$$= 24 - 18$$
$$= 6$$

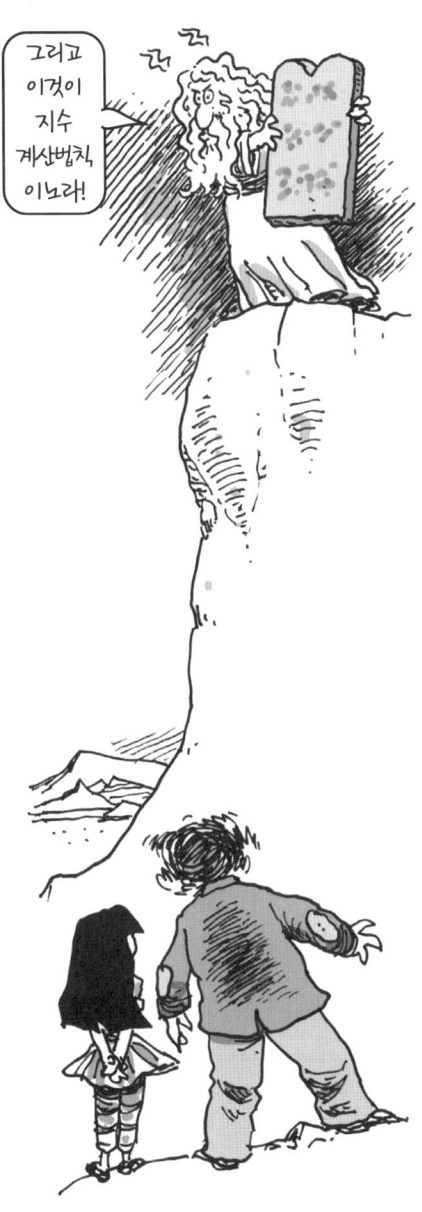

1. $a^n a^m = a^{(n+m)}$

$a^n a^m$은 n개의 a와 m개의 a를 곱한 것이다.

$$\underbrace{a \cdot a \cdot \cdots \cdot a}_{n} \cdot \underbrace{a \cdot a \cdot \cdots \cdot a}_{m}$$

곱해진 a의 개수는 총 $n+m$이다.

2. $(a^n)^m = a^{nm}$

$(a^n)^m$의 곱셈은 다음과 같이 쓸 수 있다.

$$\left.\begin{array}{l} a \cdot a \cdot \cdots \cdot a \\ \cdot a \cdot a \cdot \cdots \cdot a \\ \vdots \\ \cdot a \cdot a \cdot \cdots \cdot a \end{array}\right\} m열$$

각 열마다 n개

곱해진 a의 개수는 모두 nm개다.

3. $(ab)^n = a^n b^n$

이것은 교환법칙에서 나온 결과다.

$$(ab)^n = ab \cdot ab \cdot \cdots \cdot ab$$

곱셈의 순서를 다시 정리해서 계산하면 다음과 같다.

$$a \cdot a \cdot \cdots \cdot a \cdot b \cdot b \cdot \cdots \cdot b = a^n b^n$$

예제:

$$3^2 3^3 = 3^{2+3} = 3^5 = 243$$
$$(a^2 b)^3 = (a^2)^3 b^3 = a^6 b^3$$
$$(2t^2 u)^2 = 4t^4 u^2$$

지수법칙

지수 계산에는 세 가지 법칙이 있다. 여기서 a, b는 임의의 수이고, m은 양의 정수다.

'분모에 있는' 지수

거듭제곱수의 역수를 취해서 거듭제곱수가 분모로 가게 해보자.

아래로 갔네!

이제 이 식에 a^3을 곱한다.

$$a^3 \frac{1}{a^2} = \frac{a^3}{a^2} = \frac{aaa}{aa}$$

$$= \left(\frac{a}{a}\right)\left(\frac{a}{a}\right)\frac{a}{1}$$

$$= a$$

기억해둬, $a/a = 1$이야!

다시 말하면, 숫자로 된 분수의 경우와 마찬가지로, 분자와 분모의 공통인수는 서로 **약분된다**. 그래서 위의 식을 다시 쓰면,

$$\frac{a^3}{a^2} = \frac{\cancel{a}\cancel{a}a}{\cancel{a}\cancel{a}} = a \quad \text{또는 더 간단하게} \quad \frac{a^{\cancel{3}}}{\cancel{a^2}} = a$$

이 결과로부터 멋진 공식이 나온다.
n과 m이 $n > m$인 양의 정수이고, a가 0이 아니면,

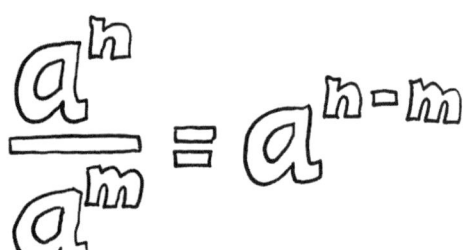

이는 분자와 분모에서 m개의 a가 약분되어 없어지기 때문이다.

$$\frac{\overbrace{\cancel{a}\cdot\cancel{a}\cdots\cancel{a}}^{m}\cdot\overbrace{a\cdots a}^{n-m}}{\underbrace{\cancel{a}\cdot\cancel{a}\cdots\cancel{a}}_{m}}$$

$n-m$은 남아있는 a의 개수야!

남는 게 있으면 좋죠!

지수는 또한

0 또는 음수

가 될 수도 있다!

우리는 방금 $a^n/a^m = a^{n-m}$을 배웠어.
$m = n$이면,

$$\frac{a^n}{a^n} = a^{n-n} = a^0$$

그러나 물론 a^n/a^n은, 어떤 수를 자신으로 나눈 것이므로 1이다. 그래서 a^0을 다음처럼 **정의**한다.

$$a^0 = 1$$

a가 어떤 수(0은 제외)이든 상관없다.
$3^0 = 6^0 = (-156.71)^0 = 1$이다.
(단, 0^0은 정의하지 않고 남겨두는 게 좋겠다.)

그렇다면 음수인 지수는? a^{-n}의 의미는?
지수법칙이 성립하려면 다음처럼 되어야 한다.

$$a^n a^{-m} = a^{n-m}$$

그래서

$$a^{-m} = \frac{1}{a^m}$$

가 성립해야 한다. 이것이 a^{-m}의 정의다.

주목: **모든** 지수법칙은 지수가 음수인 경우에도 성립한다!!!

연습문제

1. 다음을 계산하라.

a. 2^1
b. 2^2
c. 2^3
d. 2^{-4}
e. 2^{-5}
f. 2^6
g. $(-2)^6$
h. $(-3)^4$
i. $5^2 5^3$
j. $2^2 \cdot 4^2$
k. $(2 \cdot 4)^2$
l. $-3 \cdot 2^5 - 100$
m. $3^3 3^{-2} + 6^2 (3-1)^{-1}$
n. 3^{-3}
o. $(1/3)^{-3}$
p. $(3/5)^{-1}$
q. $(10^{-3})^2$
r. $3^2 - 3^{-2}$
s. $5x^2$ $(x = 3)$
t. $x^2 + x + 1$ $(x = 1)$
u. $x^2 + x + 1$ $(x = 2)$
v. $x^2 + x + 1$ $(x = 3)$
w. $a^2 x + a x^2$ $(a = 2, x = 3)$

2. $(-6)^{100}$은 음수인가, 양수인가? -6^{100}은? 또, $(-6)^{-100}$은?

3. $\dfrac{3^{101}}{3^{100}}$의 값은?

4. 다음 식을 간단히 하라.

a. $p^4 p^3$
b. $t(5t^2)$
c. $6x^{-4} x^9$
d. $4^{-2} u^{-2} u^{-1}$
e. $(3x^2)^3$
f. $(2x^3)^2$
g. $(-a^2 x)^3$
h. $(a^2 b^{-2})^2$
i. $a^7 b a^3 b^4$
j. $(a^{-1})^n$
k. $\dfrac{2x}{(4x)^-}$

5. $t^n \left(\dfrac{1}{t}\right)^n$의 값은?

6. 10^2은 어떤 수인가? 10^3은? 10^4은? 10^5은? 10^6은? 10^{25}은 1 다음에 0이 몇 개 있는가?

10의 거듭제곱수를 사용하는 '과학적 기수법'을 이용하면, 아주 큰 수와 아주 작은 수를 간단하게 쓸 수 있다. 예를 들면,

$$3{,}150{,}000 = 3.15 \times 10^6$$
$$57{,}830 = 5.783 \times 10^4$$

과학적 기수법의 첫 번째 인수는 소수점 왼쪽에 한 숫자만 있는 소수이고, 두 번째 인수는 10의 거듭제곱수이다. 지수는 첫 번째 수 이후에 있는 숫자의 개수다.

7a. 대수학을 이용해서 다음 식이 성립함을 보여라.

$$a \cdot 10^n + b \cdot 10^n = (a+b) \cdot 10^n$$

b. 다음 식이 성립함을 보여라.

$$(a \times 10^n)(b \times 10^m) = ab \times 10^{n+m}$$

c. $(3.1 \times 10^{15}) + (2.5 \times 10^{15})$을 계산하면?

d. $(3.5 \times 10^4)(3 \times 10^8)$을 계산하면? 답은 과학적 기수법으로 쓰라. 즉 첫 번째 인수는 ≥ 10이고 < 100이다.

8. 여러 x값에 대해 (단, $x = -1$은 안 된다!)

$$\dfrac{x^2 + 2x + 1}{x + 1}$$의 값을 구하라.

식의 값과 x의 관계에 어떤 흥미로운 점이 있는가? 그 관계를 식으로 나타내라.

9. 2^{12}의 값은? (힌트: 빠른 계산을 위해, 지수법칙 중 하나와 위 문제의 결과를 이용하라.)

10a. 방정식 $y = x^2$에 대해 (x, y) 값의 표를 만들어라. (125쪽의 표를 이용해도 좋다.) 그리고 $y = x^2$의 그래프를 그려라.

b. 방정식 $y = x^3$에 대해 위 문제를 풀어라.

c. 방정식 $y = x^2 - 2x + 1$에 대해 위 문제를 풀어라.

Chapter 10
유리식

이제 우리는 어떤 식을
다른 식으로 나눌 준비가 되었다.
단순히 변수로만 나누는 것이 아니다.
식을 식으로 나눈 것을
유리식이라고 한다.
유리식은 대수적 분자와
대수적 분모 간의
비(比), 다시 말하면
식 분의 식이다!

우리가 위이이이야!

유리식의 곱셈

은 분수의 곱셈처럼 쉽다.
다음처럼 분자는 분자끼리,
분모는 분모끼리 곱해주면 된다.

그림보다 문자가 좋다면 a, b, c가 임의의 식일 때

$$\frac{a}{b}\frac{c}{d} = \frac{ac}{bd}$$

유리식의 **역수**는, 분수의 경우와 마찬가지로, 식의 위와 아래를 뒤집은 것이다.
(x^{-1}은 x의 역수임을 기억하라.)

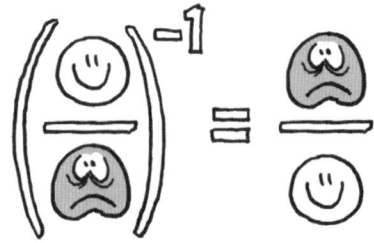

그림보다 문자가 더 좋다면, 다음처럼 쓰면 된다….

$$\left(\frac{a}{b}\right)^{-1} = \frac{1}{\left(\frac{a}{b}\right)} = \frac{b}{a}$$

나눗셈

도 유리식의 경우와 분수의 경우가 별반 다르지 않다.

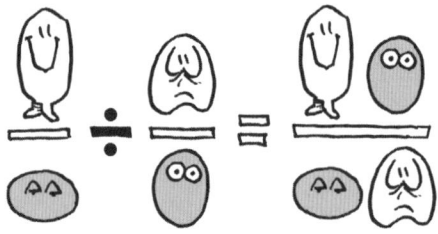

나눗셈은 역수를 곱하는 것과 같기 때문이다.
나누는 식을 거꾸로 뒤집어서 곱하면 된다.
문자로 쓰면,

$$\frac{a}{b} \div \frac{c}{d} = \frac{a}{b} \cdot \frac{d}{c}$$
$$= \frac{ad}{bc}$$

중요: 분자와 분모가 **공통인수**를 갖고 있다면, 이 인수들을 **약분**해서 소거할 수 있다.

$$\frac{ac}{ad} = \frac{a}{a} \cdot \frac{c}{d} = 1 \cdot \frac{c}{d} = \frac{c}{d}$$

여기서는 공통인수 a가 소거된다.
그리고 위 식을 간단히 쓰면

$$\frac{\cancel{a}c}{\cancel{a}d} = \frac{c}{d}$$

예제 1.

$$\frac{a^2ct^2}{5x} \cdot \frac{10x^3}{ac^2} = \frac{\overset{2}{\cancel{10}}\cancel{a^2}\cancel{c}t^2\overset{2}{\cancel{x^3}}}{\cancel{5}\cancel{a}\cancel{c^2}\cancel{x}}$$

$$= \frac{2at^2x^2}{c} \quad \text{약분 후의 결과}$$

유리식의 덧셈

은 분수의 경우와 마찬가지로, 약간 어려울 수 있다. 하지만 다행히 분수와 유리식은 덧셈의 방법이 똑같다. (새로울 게 없으니 도망갈 필요가 없다.)

때로는 분수가 쉽게 더해진다.
더해지는 분수의 분모가 서로 같은 경우인데,
이때는 분모는 그냥 두고 분자를 서로 더하면 된다.

유리식의 경우에도 마찬가지다. 분모가 같으면, 분모는 그대로 두고 분자끼리 더한다.

(7) $$\frac{m}{d} + \frac{n}{d} = \frac{m+n}{d}$$

여러분 중에는 숫자인 분수에 적용되는 법칙들이 유리식에도 똑같이 적용되는 이유가 궁금한 사람도 있을 것이다. 그건 식이란 아직 계산이 안 되었을 뿐 **숫자**에 지나지 않기 때문이다!!!

예제 2.

$$\frac{a}{x^2y^2z^2} + \frac{1}{x^2y^2z^2} = \frac{a+1}{x^2y^2z^2}$$

분모가 다른 식들의 덧셈

덧셈의 재미는 더하는 식들의 분모가 서로 다를 때 시작된다.
이 경우에는 분수와 마찬가지로, **공통**분모를 찾아야 한다.
예를 들어 1/3+1/5의 경우, 먼저 두 분수의 분모를
두 분모의 곱 3×5*인 **15**로 바꿔야 한다.

$$\frac{1}{5} = \frac{3 \times 1}{3 \times 5} = \frac{3}{15}$$

$$\frac{1}{3} = \frac{5 \times 1}{5 \times 3} = \frac{5}{15}$$

$$\frac{3}{15} + \frac{5}{15} = \frac{8}{15}$$

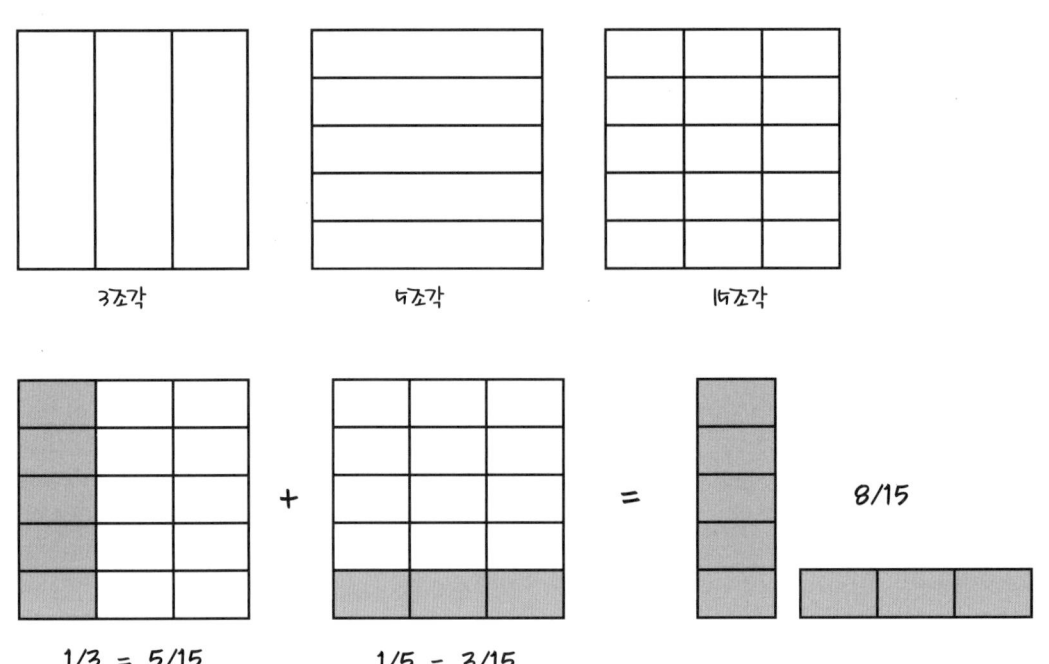

공통분모는 두 분수의 분모를 서로 곱해서 구할 수 있다.
유리식의 경우에도 마찬가지다.

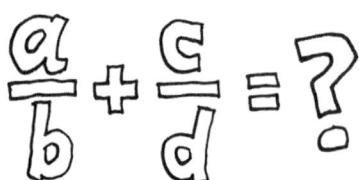

애석하게도,
분수와는 달리
유리식은 그림으로
나타내기가 어렵다.
순전히 대수학으로
풀어야 한다!

그냥
해보자!

---

* 이것이 이해가 안 되는 사람은, 산수 실력을 다시 가다듬어야 해.

다음 식의 덧셈을 위해서는

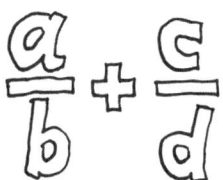

앞쪽의 분수의 덧셈과 같은 단계를 밟아야 한다. 즉 오른쪽에서 볼 수 있듯 bd가 공통분모다.

여기에 값이 1인 d/d를 곱하고…

여기엔 b/b를 곱해!

이제 두 식은 공통분모 bd를 가진 식이 되고, 133쪽에서처럼 이것을 더하면,

방정식 (8)

$$\frac{a}{b} + \frac{c}{d} = \frac{ad + bc}{bd}$$

예제 3.

$$\frac{2}{x} + \frac{3}{y} = \frac{2y + 3x}{xy}$$

대각방향으로 곱해, 이렇게!

주목!!

$b = 1$일 때, 즉 한 항이 '분자밖에' 없을 때는 방정식 (8)이 다음과 같아진다.

$$a + \frac{c}{d} = \frac{ad + c}{d}$$

이것은 유리식과 1(또는 임의의 상수)을 더하는 방법이다.

$$1 + \frac{P}{Q} = \frac{Q + P}{Q}$$

분모가 다른 경우(계속)

공통분모는 곱하는 분수들의
분모를 서로 곱해서 항상
구할 수 있다. 그런데,
이 곱이 너무 큰 경우가 있다.
(가능하면 크고
털북숭이인 분모는
피하고 싶다….)

큰 털북숭이 분모는
피하는 게 상책!

$\dfrac{1}{10,000} + \dfrac{1}{1,000}$의 덧셈을 예로 들어보자. 두 분모의 곱은 터무니없이 큰 10,000,000이다….
그리고 덧셈을 하면,

$$\dfrac{1,000}{10,000,000} + \dfrac{10,000}{10,000,000} = \dfrac{11,000}{10,000,000}$$

불쌍하게 생각해줘,
무서워 하지 마….

이 식은 다음과 같이 약분이 필요하다.

$$\dfrac{11,\cancel{000}}{10,000,\cancel{000}} = \dfrac{11}{10,000}$$

위의 분모는 훨씬 작다. 그래서 1,000만이란 분모는
불필요하게 큰 털북숭이란 것을 알 수 있다.

처음부터 작은 공통분모를 찾는 것이 훨씬 나았을 것이다. 그 공통분모는 1,000과 10,000의 배수여야 한다.
그리고 우리는 10,000 자체가 이 조건을 만족하는 것을 알 수 있다. 이 수는 1×10,000이고 10×1,000이니까,
두 수의 배수이다. 이것이 두 분모의 **최소공배수**이고, 이것을 이용하면 계산이 훨씬 간편해진다.

$$\dfrac{1}{10,000} + \dfrac{1}{1,000}$$
$$=$$
$$\dfrac{1}{10,000} + \dfrac{10}{10,000}$$
$$=$$
$$\dfrac{11}{10,000}$$

더 이상
약분이 필요 없어!

이제 유리식의 덧셈도 공통분모의 털을
깎을 수 있는지 알아보자.
다음 식으로 시작하자.

방정식 (8)에서 배운 방식대로 공통분모를 구하면, 공통분모는 a와 a^2을 곱한 a^3이 된다. 그러면,

$$\frac{1}{a} = \frac{a^2}{a^2}\frac{1}{a} = \frac{a^2}{a^3}$$

$$\frac{1}{a^2} = \frac{a}{a}\frac{1}{a^2} = \frac{a}{a^3}$$

위 식들을 더하면

$$\frac{1}{a} + \frac{1}{a^2} = \frac{a^2}{a^3} + \frac{a}{a^3} = \frac{a^2+a}{a^3}$$

분자를 분배법칙으로 정리하면,
인수 a가 나타난다.

$$a^2 + a = a(a+1)$$

이것을 분모의 a와 약분하면 다음과 같다.

$$\frac{\cancel{a}(a+1)}{a^{\cancel{3}2}} = \frac{a+1}{a^2}$$

최종적인 분모 a^2은 a^3보다 지수가 낮다.
a^3이 필요 이상으로 덥수룩하다는 생각이 든다.

$1/a$과 $1/a^2$을 약분이 필요하지 않도록 더할 수 있을까? a^3보다 털이 적은 공통분모가 있을까? 있다면, 그 공통분모는 a와 a^2의 공배수이고, a^3보다는 좀 더 나아야 한다.

절대 움직이면 안 돼….

그래, 우리가 원하는 공통분모는 다른 것이 아니라…

방금 지수를 약간 잘라냈어!

a^2이 a의 배수이고

$$a^2 = a \cdot a$$

그 자신의 배수라는 것을 알고 있다!

$$a^2 = 1 \cdot a^2$$

이제 덧셈의 각 항이 공통분모 a^2을 갖도록 정리할 수 있다.

$$\frac{1}{a} + \frac{1}{a^2} = \frac{a \cdot 1}{a \cdot a} + \frac{1}{a^2}$$

$$= \frac{a}{a^2} + \frac{1}{a^2}$$

앞에서와 똑같은 답이 안 나오면, 다시는 아저씨를 믿지 않을 거예요….

$$= \frac{a+1}{a^2}$$

휴우!

일반적으로, 두 식이 동일한 변수의 거듭제곱이면, 지수가 큰 쪽이 최소공배수이다. t^5은 t^2의 배수, x^{98}은 x^{97}의 배수, 이런 식이다.

다음 덧셈의 경우에는 분모에 서로 다른
여러 인수가 포함되어 있다.

$$\frac{2p}{x^3yz^{10}} + \frac{x+3}{x^2y^5z}$$

보기에는 무시무시하다.
하지만 우리는 이제 어떻게 해야 할지를 안다.
분모의 최소공배수(LCM)를 찾으려면,
**두 분모에 들어 있는 각 변수들 중
지수가 가장 큰 것들을 골라서 서로 곱하면 된다.**

분모의 변수는 x, y, z이다(p는 분자에만 있다!). x의 가장 큰 지수는 3이다.
y의 가장 큰 지수는 5이고, z의 가장 큰 지수는 10이다. 그래서 최소공배수는 x^3, y^5, z^{10}이다.

$$x^3y^5z^{10} = y^4(x^3yz^{10}) \leftarrow \text{첫 번째 분모}$$
$$= xz^9(x^2y^5z) \leftarrow \text{두 번째 분모}$$

합은 다음과 같다.

$$\frac{y^4}{y^4} \cdot \frac{2p}{x^3yz^{10}} + \frac{xz^9}{xz^9} \cdot \frac{(x+3)}{x^2y^5z}$$

$$= \frac{2py^4}{x^3y^5z^{10}} + \frac{x^2z^9 + 3xz^9}{x^3y^5z^{10}}$$

$$= \frac{2py^4 + x^2z^9 + 3xz^9}{x^3y^5z^{10}}$$

예제 4. (훨씬 간단해!) $\frac{1}{a} + \frac{1}{ab}$ 을 계산하라.

a의 가장 큰 지수는 1이고,
b의 가장 큰 지수도 똑같다.
분모의 최소공배수는 ab이고, 합은

$$\frac{1}{a} + \frac{1}{ab} = \frac{b}{ab} + \frac{1}{ab} = \frac{b+1}{ab}$$

좀 더 생각해볼 몇 가지 문제들

정수가 분모에 나타나는 경우에는,
분모의 최소공배수를 구할 때
이 정수도 고려해야 한다.

예제 5. 다음 식을 계산하라.

$$\frac{b^2}{8a^2} - \frac{5}{6ab}$$

8과 6의 최소공배수는 24이고,
a^2과 ab의 최소공배수는 a^2b이다.
그래서 분모의 최소공배수는 $24a^2b$이다.
이 공통분모로 덧셈을 하면,

$$\frac{(3b) \cdot b^2}{(3b)8a^2} - \frac{(4a)(5)}{(4a)6ab}$$

$$= \frac{3b^3}{24a^2b} - \frac{20a}{24a^2b}$$

$$= \frac{3b^3 - 20a}{24a^2b}$$

마지막으로, 문자인 변수 a, b, $c\cdots$는 **식**일 수도 있다는 것을 잊지 말아야 한다.
이 장에 나온 공식들은 모두 변수뿐 아니라 식일 경우에도 성립한다.
예를 들어 방정식 (8)은 다음과 같이 식들로 나타낼 수도 있다.

예제 6. 다음 덧셈을 하라.

$$\frac{1}{(x+1)(x+2)^2} + \frac{1}{(x+1)^2(x+2)}$$

이 문제에서는, $x+1$과 $x+2$를 **마치 변수들인 것처럼** 취급한다.
(사실 $x+1$은 a, $x+2$는 b라고 부를 수 있다.)
그러면 앞에서와 똑같은 방법으로 덧셈을 할 수 있다.

$x+1$의 가장 큰 지수는 2이고,
$x+2$의 가장 큰 지수도 역시 2이다.
그래서 이들의 최소공배수는 $(x+1)^2(x+2)^2$이 되고,
덧셈은 다음과 같다.

$$\frac{(x+1)}{(x+1)^2(x+2)^2} + \frac{(x+2)}{(x+1)^2(x+2)^2}$$

$$= \frac{x+1+x+2}{(x+1)^2(x+2)^2}$$

$$= \frac{2x+3}{(x+1)^2(x+2)^2}$$

연습문제

1. 다음의 최소공배수를 구하라.
  a. 4와 6
  b. 3과 9
  c. 3과 7
  d. 72와 54
  e. 10과 11
  f. 49와 21

2. 다음의 최소공배수를 구하라.
  a. p^2q와 pq^8
  b. x^2과 x^9
  c. $2a^2x^2(x+1)$과 $4ax$
  d. x와 x^2+1
  e. $r^5s^3tuv^8$과 $r^3s^{20}t^9v^4$
  f. $(x-2)^2(x+2)$와 $(x-2)(x+2)^3(x+3)$
  g. x^2+x+1과 $x(x^2+x+1)$
  h. $18(x^2+1)^3(x^3-5)^2$과 $20(x^2+1)^2(x^3-5)^4$

3. 다음의 곱셈 또는 나눗셈을 계산하라.
  a. $\dfrac{a}{c} \cdot \dfrac{b}{ad}$
  b. $\dfrac{ax}{c} \cdot \dfrac{bx}{c}$
  c. $\dfrac{x}{b} \div \dfrac{b}{x}$
  d. $\dfrac{\left(\dfrac{x}{y}\right)}{\left(\dfrac{1}{y}\right)}$
  e. $\dfrac{3(at)^2}{b} \cdot \dfrac{b^3}{9a}$
  f. $\left(\dfrac{a(x+1)y^{10}}{8pq}\right)\left(\dfrac{2p^3a}{(x+1)^2}\right)$

4. $\dfrac{1}{r} + \dfrac{1}{s} = Q$일 때, r을 s와 Q로 나타내라.

5. 다음의 덧셈 또는 뺄셈을 계산하라.
  a. $\dfrac{a^2}{b^2} + \dfrac{t^2}{b^2}$
  b. $\dfrac{a^3}{2b^2} + \dfrac{5}{b^2}$
  c. $\dfrac{2(x+3)}{(x+1)(x+2)} + \dfrac{x+2}{(x+1)(x+3)} - \dfrac{6(x+1)}{(x+2)(x+3)}$
  d. $\dfrac{x}{b} - \dfrac{b}{x}$
  e. $\dfrac{2}{x} - \dfrac{x}{1+x^2}$
  f. $1 + \dfrac{x-1}{x+1}$
  g. $A + \dfrac{B^2 - AC}{C}$
  h. $\dfrac{1}{2a + 2ax^2} + \dfrac{6}{a^4(1+x^2)^4}$

6. 양의 정수가, $12 = 4 \times 3$처럼 자신보다 작은 두 개의 약수(또는 인수)의 곱일 때, 그 수를 **합성수**라고 한다. 그렇지 않은 양수는 **소수**라고 한다. 소수는 1과 자기 자신만 약수로 갖는다. 예를 들면 $3 = 3 \times 1$, $17 = 17 \times 1$이다.

어떤 합성수를 약수로 분해하면, 각 약수는 소수이거나 합성수이고, 합성수는 계속 분해해서… 소수들만의 곱으로 나타낼 수 있다.

$180 = 10 \times 18 = (5 \times 2) \times (6 \times 3)$
$= 5 \times 2 \times (2 \times 3) \times 3 = 2^2 3^2 5$

위처럼, 어떤 소수는 한 번 이상 나타날 수 있기 때문에, 모든 수는 소수들의 **거듭제곱**의 곱으로 나타낼 수 있다.

이제, 두 대수식들의 최소공배수를 찾았던 방법과 똑같은 방법으로, 두 숫자의 최소공배수를 찾을 수 있다. 즉 첫째, 각 수를 소수들의 거듭제곱으로 분해한다. 둘째, 각 소수들의 가장 큰 지수를 찾는다. 셋째 이들을 모두 곱한다. 예를 들면

$36 = 2^2 3^2$과 $24 = 2^3 3$.

2의 가장 큰 지수는 3이고, 3의 가장 큰 지수는 2이다. 그래서 24와 36의 최소공배수는 $2^3 3^2 = 72$이다.

이 방법을 이용하여, 다음의 최소공배수를 구하라.
  a. 36과 180
  b. 225와 30
  c. 33과 1,617

7. 두 개의 양의 정수의 차가 1일 때, 두 수는 서로의 곱보다 작은 공배수를 가질 수 있는가?

Chapter 11
비율

세상사는 항상 좋아지거나 나빠지거나 커지거나 작아지며 변한다.
질문은 이거다, 변화가 얼마나 빠르게 일어나고 있는가?

이제부터 케이크 조각으로 대수학을 설명하려고 한다.
여기에 케이크 조각이 있다. 이 케이크 조각은 굶주린 작은 벌레의 먹잇감이다.
이 놀라운 벌레는 케이크를 계속 먹어치우지만,
케이크가 남아 있는 한 먹는 속도는 빨라지지도 느려지지도 않고 일정하다.
(이 굶주린 벌레는 아무리 먹어도 배가 부르지도 않아.)

벌레는 1분에 정확하게 2온스의 케이크를 먹는다. 2분 동안 먹는 케이크는 그 2배인 4온스이고, 3분 동안에는 2×3=6온스이다. 벌레가 먹는 케이크의 양은 다음 표와 같다.

경과시간 (분)	먹은 케이크양 (오스)
1	2
2	4
3	6
4	8
5	10
6	12

등등…

벌레가 케이크를 먹는 **비율**, 즉 먹는 속도는 주어진 시간에 먹은 케이크의 양을 시간으로 나눈 것이다(단위는 온스).

$$\text{먹는 비율} = \frac{\text{먹은 양}}{\text{경과시간}}$$

위 표의 각 열마다 이 나눗셈을 하면, 그 답은 똑같이 2이다. 그래서 벌레의 먹는 비율은…

또는 **분당 2온스**라고 한다.
/는 비율이 나눗셈임을 말해준다.

이제 우리는 '케이크의 양', '경과시간', '먹는 비율'이라는 용어가 **변수**들이라는 것을 알 수 있다.

이 책은 대수학 책이니까, 이들을 하나의 문자로 나타내보자.

t = 경과시간
E = t시간 동안 먹은 케이크의 양
r = 비율

그러면 비율을 나타내는 방정식은 다음과 같다.

$$r = \frac{E}{t}$$

양변에 t를 곱해서 다시 쓰면,

$$E = rt$$

먹은 양 E는 비율과 시간의 곱이다. 이때 t는 정수가 아니어도 된다.
$\frac{1}{2}$분($t = \frac{1}{2}$)에는, 비율이 2온스/분이니까, 벌레가 먹는 양은 $(2) \cdot (\frac{1}{2}) = 1$온스이다.
7.16분에는 먹는 양이 $(2)(7.16) = 14.32$온스이다. 벌레의 먹는 속도가 빨라지면, 가령 분당 2.4온스의 비율이라면, 6분 동안 먹는 양은 $(2.4)(6) = 14.4$온스가 된다.
계산이 자동적으로 된다!

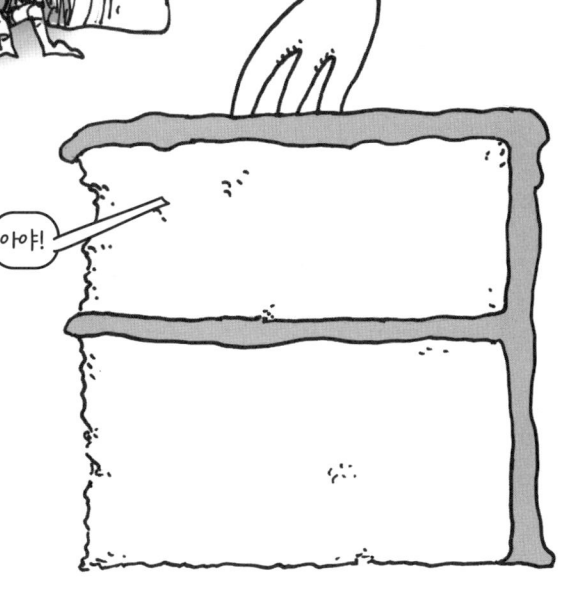

나는 마구 변덕을 부리는 곤충이 아냐…

아야!

그리고 2온스/분인 경우, 35초 동안 몇 온스의 케이크가 없어질까? 우리는 먼저 초를 분으로 바꾸기 위해 계산을 좀 해야 한다.

$$35\text{초} = \frac{35}{60}\text{분}$$

그래서 벌레가 먹은 양은

$$2 \cdot \left(\frac{35}{60}\right) = \frac{70}{60} = \frac{7}{6}\text{온스}$$

비율은 도처에서 볼 수 있다. 벌레가 있는 곳에만 있는 것이 아니다. 예를 들면

급여:
제시는 아이를 돌보는 대가로 시간당 8.75달러를 받는다. 그가 받는 돈을 식으로 나타나면 8.75달러×일한 시간이다.

액체 유량:
목욕통에 물을 틀었을 때, **유량의 비율**인 유속은 시간당 쏟아지는 물의 양 (가령, 분당 갤런)이다.

속력:
자동차는 매시간 몇 마일을 간다. 이때의 비율은 차의 **속력**이고, 이동거리를 경과시간으로 나눈 것이다.

$$속력 = \frac{거리}{시간}$$

가격:
휘발유를 살 때, 갤런당 가격을 지불한다. 주유소에 붙여진 갤런당 가격이 비율이다.

$$갤런당\ 가격 = \frac{총\ 지불금액}{휘발유의\ 양}$$

스포츠:
야구에서, 타자의 타율은 안타의 개수를 타석의 수로 나눈 것이다. 즉 한 타석당 안타의 비율이다.

$$평균타율 = \frac{안타\ 수}{타석\ 수}$$

케이크 먹기 방정식인 $E = rt$로 다시 돌아가자. 그리고 이 방정식의 그래프를 그려보자.

t	E
1	r
2	2r
3	3r
4	4r
5	5r
6	6r

등등…

그래프는 직선이고, **기울기**는 r이다. 기울기 자체가 비율이다. 즉 직선이 수평축 1단위당 증가하거나 감소하는 비율이다.

상승거리 분의 진행거리, 기억하지?

여기서 의문이 하나 생긴다. 기울기가 비율인 비율방정식의 그래프가 아래로 내려갈 수 있는가? **음의 비율**이라는 것이 있는가?

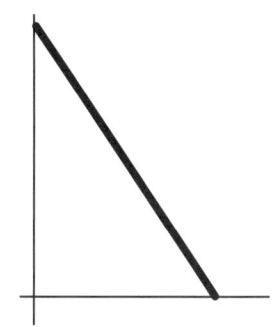

답: 있다.
뭔가가 **감소**할 때는 비율이 음이다. 예를 들어, 물이 물통 밖으로 빠져나갈 때 물통 속의 물의 양은 줄어들고, 그 변화율은 음수이다.

마찬가지로, 벌레가 케이크를 2온스/분의 속도로 먹으면, **남은 케이크**의 양은 -2온스/분의 비율로 변한다.

그러면 남은 케이크(U라 하자)를 나타내는 방정식은 뭘까? $U = rt$는 아니다. 케이크가 남아 있는데도, 이 식은 케이크의 양을 음수로 만들 수가 있기 때문이다….

시간이 갈수록 계속 줄어들고 있어…

꺼억!

일반 비율방정식

어떻게 하면 남은 케이크의 변화율에 대한 방정식을 구할 수 있을까? 우리가 알고 있는 것에서부터 시작하자. 케이크의 총량은 남은 케이크 U와 벌레가 먹은 케이크 E를 합한 것이다.

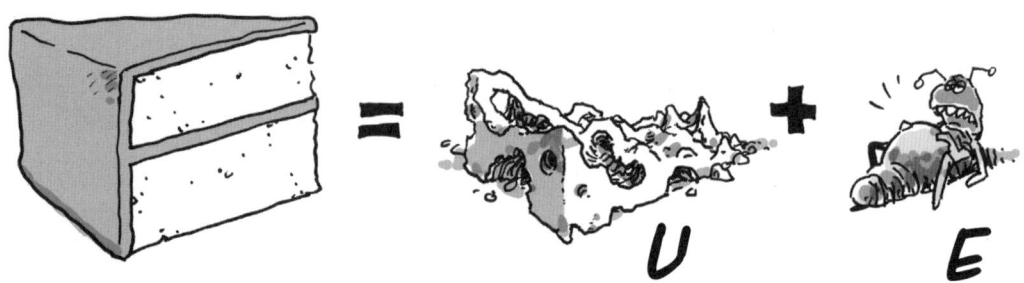

아직 케이크의 총량을 나타내는 기호가 없다는 걸 여러분도 알 것이다. 그래서 약간 이상하게 보이겠지만 오른쪽과 같은 기호,

("유 제로")를 쓰자. 이것은 시작 시점, 즉 벌레가 먹기 시작하기 전인 '제로 시간'에서의 케이크의 양을 나타낸다.

위의 방정식은 다음과 같다.

$$U_0 = U + E$$
$$E = U_0 - U$$

또는

비율이 여러 가지이기 때문에 구분하기 위해서, 벌레가 먹는 비율을 r 대신에 r_E로 쓰자. 그러면 145쪽에 있는 비율방정식은 오른쪽과 같다.

$$r_E = \frac{U_0 - U}{경과시간}$$

그런데 경과시간이 뭘까? 경과시간은 시계에서 직접 읽을 수가 없다⋯.
대신 **현재시간**인 t와 **최초시간**인 t_0 사이의 차이를 계산해야 한다.
최초시간은 벌레가 먹기 시작하는 시간이고, 케이크의 양이 U_0인 때이다.

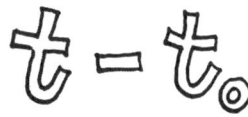

그래서 경과시간은

$$t - t_0$$

이고, 벌레가 케이크를 먹는 비율은 다음과 같다.

$$r_E = \frac{U_0 - U}{t - t_0}$$

마지막으로, 알아야 할 것이 하나 더 있다. 즉 남은 케이크가 줄어드는 비율인 r_U는 음의 r_E이다!
당연히 그래야 한다. 주어진 시간에 벌레의 몸속으로 들어간 양만큼 케이크의 양이 동시에 줄어든다!

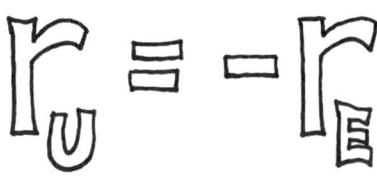

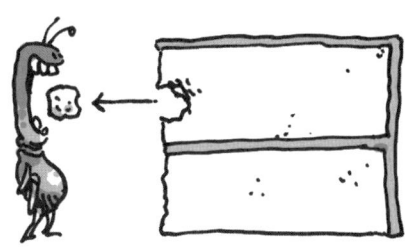

이제 식으로 계산해보자.

$$r_U = -r_E = -\left(\frac{U_0 - U}{t - t_0}\right)$$

$$= \frac{-(U_0 - U)}{t - t_0} = \frac{U - U_0}{t - t_0}$$

그래서

$$r_U = \frac{U - U_0}{t - t_0}$$

r_U는 시간이 t_0에서 t로 흐르는 동안의 **U의 변화량**을 **시간의 변화량**으로 나눈 것이다.

양변에 $(t-t_0)$를 곱하면,

$$U = U_0 + r_U(t - t_0)$$

**이것이 일반 비율방정식이다.
이것을 말로 풀어쓰면,
시간 t에서의 어떤 양은
원래의 양에다가,
비율과 시간 변화량의 곱을
더한 것이다.**

예제 1.

$U_0 = 80$온스, $r_U = -3$온스/분, $t_0 = $자정일 때, 남은 케이크에 관한 비율방정식 U를 구하라.

자정을 '0시'라고 하면, $t_0 = 0$이다. 일반 비율방정식은

$$U = U_0 + r_U(t - t_0)$$

주어진 값들을 이 식에 대입하면

$$U = 80 + (-3)(t - 0)$$
$$U = 80 - 3t$$

이 식을 이용하여 t시간(단위는 분)에서의 U의 값들을 구하여 표로 만든 다음, 이 방정식의 그래프를 그린다.

t	U
5	65
10	50
15	35
20	20
25	5

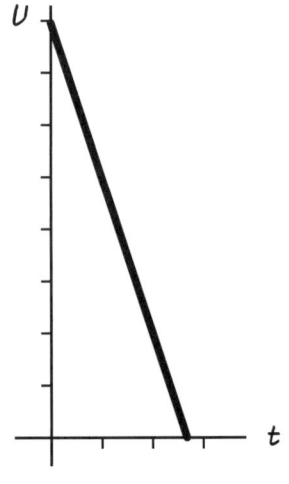

예를 들면 자정에서 25분이 지난 후에는 5온스의 케이크만 남아 있다.

예제 2.

일반 비율방정식은 또한 벌레가 먹은 양인 E에도 적용할 수 있다. 이는 다음과 같이 쓸 수 있다.

$$E = E_0 + r_E(t - t_0)$$

E_0는 시간 t_0에 이미 벌레의 몸속에 들어가 있는 케이크의 양(가령, 이전의 케이크 조각에서 먹은 양)이다.

주어진 t_0, E_0, r_E의 값들로부터, 비율방정식은

$$E = 2 + (1.6)(t - 12{:}30)$$

여러분은 이 방정식의 그래프를 그릴 수 있다. 그래프는 어떤 시간에 벌레가 먹어치운 케이크의 양을 보여준다.

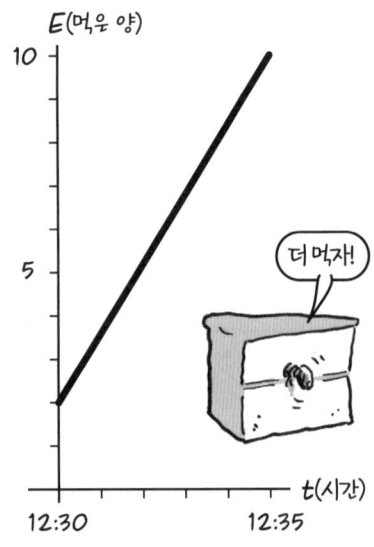

$E_0 = 2$라 하고, 벌레가 먹는 속도를 1.6온스/분이라고 하자. t_0가 오후 12시 30분이면, 시간 t에 벌레의 몸속에 들어 있는 케이크의 양은?

일반 비율방정식은 일반적인 그래프의 형태를 보여준다. A가 시간 t에서 비율 r로 변하는 어떤 양이라고 하자. (실제로는, t가 시간이 아니라, A의 값을 결정하는 다른 변수일 수도 있다.) t와 A의 초기값은 각각 t_0, A_0이다. 그러면 일반 비율방정식은

$$A = A_0 + r(t - t_0) \quad \text{또는}$$
$$A - A_0 = r(t - t_0)$$

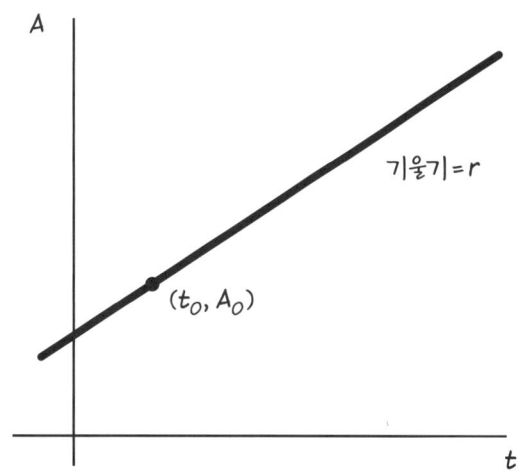

이 형태는 낯설지 않다. 이는 **기울기가 r이고 점 (t_0, A_0)를 지나는 직선의 방정식을 점-기울기 형태**로 나타낸 것이다.

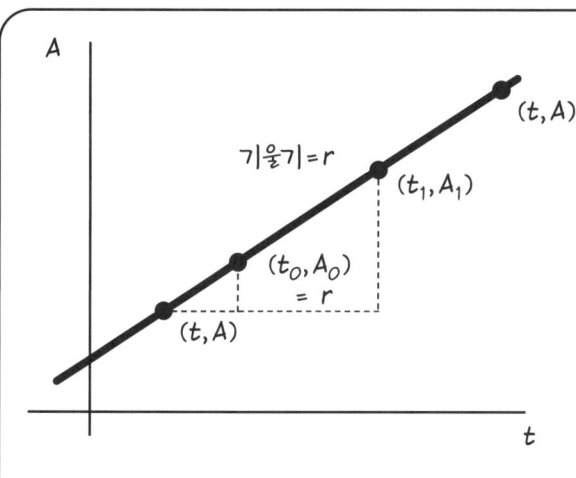

여기서, (t_1, A_1)이 그래프 위의 점이면, 대신에 (t_0, A_0)을 바꿔넣어도 방정식이 성립한다는 것을 알 수 있다.

$$A = A_1 + r(t - t_1)$$

달리 말하면, 일반 비율방정식은 **시작 시점을 어떤 시간으로 잡아도** 성립한다는 말이다. 뿐만 아니라 $t < t_1$이든 $t > t_1$이든 상관없이 성립한다.

속력과 속도

앞에서 말했듯이, 속력은 비율이다. 즉 거리를 시간으로 나눈 것이다. **속력은 항상 양수다.**

그런데 이것이 문제다. 왜냐하면 수학에서는 비율이 양수뿐 아니라 음수도 될 수 있어야 하기 때문이다.

케이크의 양이 늘어날 수도 있고 줄어들 수도 있듯이, 운동하는 물체도 위 또는 아래로, 앞 또는 뒤로 움직일 수가 있으니까, 운동 비율도 이를 나타낼 수 있어야 한다.

앞뒤로 끝없이 뻗어 있는 직선도로(바로 수(數)직선!)를 상상해보자. 도로 위의 점 s_0를 출발점으로 하자. 일정하게 움직이는 자동차가 시간 t_0에 s_0를 지난다. t는 임의의 시간이고, s는 시간 t에서의 자동차의 위치다.

거리 대신, 위치의 변화,
즉 $s-s_0$*라는 개념을 사용해보자.
차가 앞쪽으로 움직일 때는
$s-s_0>0$이고, 이것은 거리와 같다.
차가 뒤로 움직일 때는
$s-s_0<0$이고, 거리의 음이다.

거리 $= |s - s_0|$

* 문자 s는 거리를 뜻하는 라틴어 situs의 첫 글자다. 예전에는 학식 있는 사람들이 모두 라틴어를 배웠고, 국경과 시대를 초월하는 언어로 사용되었다. 이제 라틴어를 배우는 사람을 더 이상 찾아보기 어렵지만, 라틴어 첫 글자는 여전히 자주 나타난다….

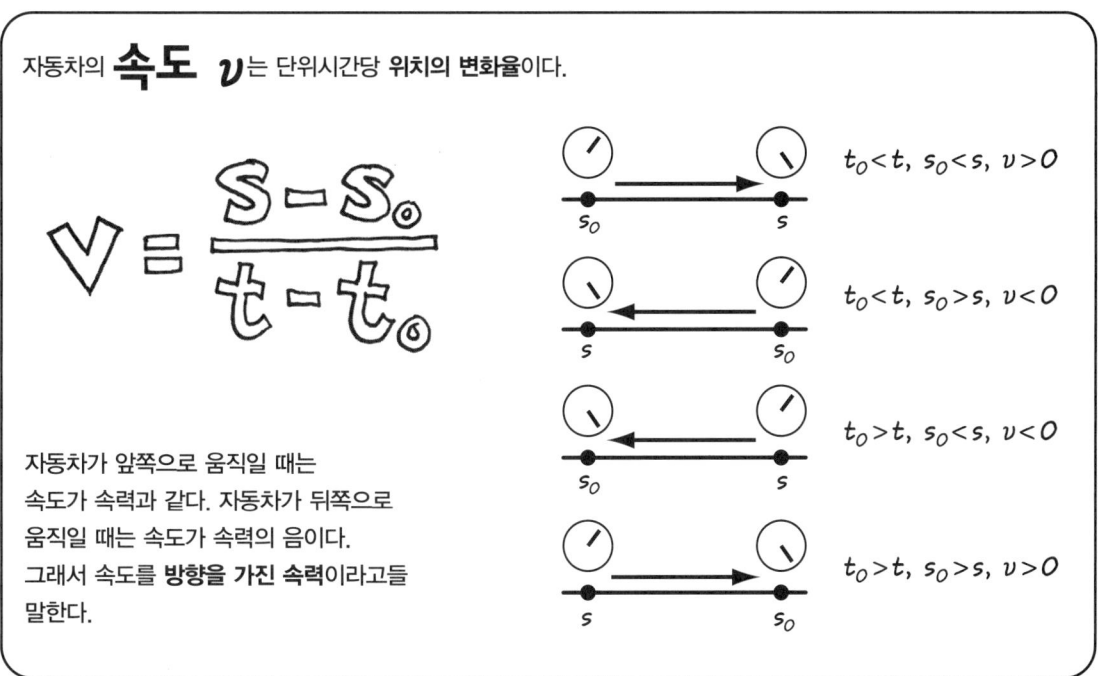

자동차의 **속도** v는 단위시간당 **위치의 변화율**이다.

$$v = \frac{s-s_0}{t-t_0}$$

자동차가 앞쪽으로 움직일 때는
속도가 속력과 같다. 자동차가 뒤쪽으로
움직일 때는 속도가 속력의 음이다.
그래서 속도를 **방향을 가진 속력**이라고들
말한다.

일반 속도방정식은 위치를 속도와 시간으로 나타낸 식이다.

$$s = s_0 + v(t - t_0)$$

예제 3.
세리아를 기준으로 동쪽 30마일 지점에서 자동차가 출발하여 그녀의 서쪽 100마일 지점까지 가는 데 2시간이 걸렸다. 자동차의 속도는?

세리아의 위치를 0이라고 하고, 동쪽(오른쪽)은 양, 서쪽(왼쪽)은 음이라고 하자.

완전히 제맘대로야!

주어진 값: $s_0 = 30$, $s = -100$, $t - t_0 = 2$시간.
($t - t_0$는 항상 경과시간임을 잊지 마!) 그러면

$$v = \frac{-100 - 30}{2} = -65 \text{ 마일/시간}$$

⟵
―――――――――――――――
-100   0   30

음의 속도는 서쪽으로의 운동을 의미해.

남부주의자!

예제 4.
세리아는 1.4마일/시간의 속력으로 동쪽으로 걸어가고 있다. 그녀가 오후 2시 30분에 나의 서쪽 2마일 지점에서 출발했다면, 5시 45분에 그녀는 어느 지점에 있을까?

주어진 값: $t_0 = $ 2시 30분, $t = $ 5시 45분, $s_0 = -2$, $v = 1.4$, 그리고 내 위치는 $s = 0$.

풀이: 먼저, 경과시간인 $t - t_0$를 구하면

$$5:45 - 2:30 = 3\frac{1}{4}\text{시간} = \frac{13}{4}\text{시간}$$

일반 비율방정식에 주어진 값들을 대입하면,

$$s = s_0 + v(t - t_0) = -2 + (1.4)\left(\frac{13}{4}\right)$$
$$= -2 + 4.55 = 2.55$$

오후 5시 45분에, 세리아는 나의 **동쪽 2.55**마일 지점에 있을 것이다.
(위 답이 플러스 부호이기 때문이다.)

속력을 높이거나 줄여선 안 돼…. 일정한 속력으로 걷고… 또 걸어야 해….

예제 5. 두 은행강도가 정오에 차를 타고 70마일/시간의 속력으로 동쪽으로 도망쳤다. 경찰은 서둘러 점심식사를 마치고, 오후 1시에 추격을 시작했다. 경찰서는 은행의 서쪽 6마일 지점에 있고, 경찰차의 속력은 90마일/시간이다. 경찰은 언제 어디서 강도들을 따라잡을 수 있을까? 은행의 위치는 0이고, $t_0 = 12$이다.

먼저, 경찰과 강도에 대한 비율방정식을 각각 써보자. 강도의 위치를 s_c라고 하면,

$$s_c = 0 + 70(t - t_0)$$
$$= 70(t - t_0)$$

경찰은 한 시간 후인 $t_0 + 1$시에 출발했다. 경찰의 초기 위치는 −6이고, 시간 t에서의 그들의 위치 s_p는

$$s_p = -6 + 90(t - (t_0 + 1))$$
$$= 90(t - t_0) - 96$$

경찰이 강도들을 따라잡는 순간은 그들이 같은 위치에 있을 때, 즉 $s_c = s_p$일 때이다.

$s_c = s_p$로 두고 t에 관해 푼다.

$$70(t - t_0) = 90(t - t_0) - 96$$
$$20(t - t_0) = 96$$
$$t - t_0 = \frac{96}{20} = \textbf{4.8시간}$$

t_0는 **강도들의 출발시각**이기 때문에, 강도들이 잡히는 시각은 정오에서 4.8시간을 더한 오후 **4시 48분**이다.
(0.8시간 = 60분 × 0.8 = 48분)

그리고 강도들이 잡히는 곳은? 어느 방정식을 써도 된다. 강도들의 방정식이 좀 더 쉽다.

$$s_c = (70)(4.8) = \textbf{336}$$

강도들은 336마일, 즉 은행에서 동쪽 336마일에서 잡힌다.
(그리고 경찰서에서는 342 = 336 + 6마일)

비율의 합성

앞 문제에서는,
두 개의 다른 비율이 나왔다.
그렇다면 비율들을 결합하는
방법이 있을까?

벌레 두 마리가 케이크 조각을 함께 먹고 있다고 하자. 느린 벌레는 2온스/분의 비율로 먹고, 빠른 벌레는 3온스/분의 비율로 먹는다면, 1분당 먹어치우는 케이크의 양은 분명히 5온스이다.

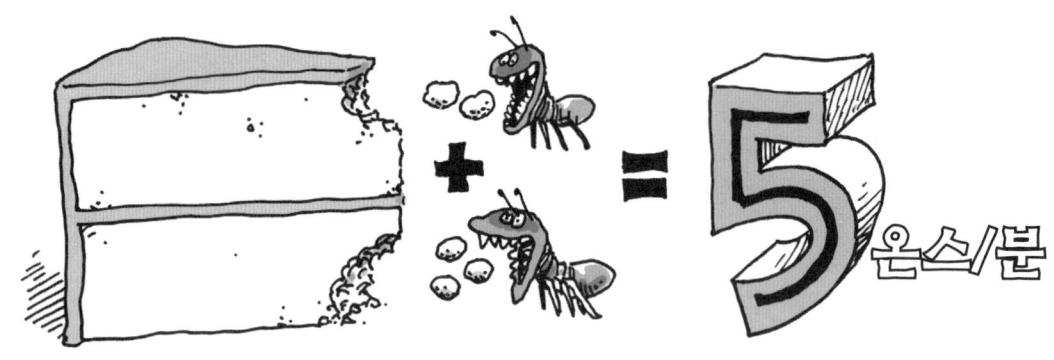

일반적으로, 벌레 1이 먹는 비율을 r_1, 벌레 2가 먹는 비율을 r_2라고 하면, 합성 비율 r은 두 비율의 합이다.

예제 6.

물이 분당 2리터의 비율로 500리터의 탱크 속으로 쏟아지고 있다. 동시에 탱크에서 $\frac{1}{3}$리터/분의 비율로 물이 새나가고 있다. 현재 탱크 속에 100리터의 물이 있다면, 탱크에 물이 가득 찰 때까지는 얼마의 시간이 걸릴까?

이 문제에는 두 개의 비율, 즉 탱크 안으로 들어오는 물의 비율 r_1과 새나가는 물의 비율 r_2가 있다.

$$r_1 = 2 \text{ 리터/분}, \quad r_2 = -\frac{1}{3} \text{ 리터/분}$$

(r_2는 물이 새나가서 양을 말하기 때문에 음수이다.)

합성 비율 r은 두 비율의 합이다.

$$r = 2 - \frac{1}{3} = \frac{5}{3} \text{ 리터/분}$$

시간 t에서의 물의 양을 V라고 하면, 처음의 양은 $V_0 = 100$리터이고, $t_0 =$ 지금 또는 0이다. 그래서 비율방정식 $V = V_0 + r_t$는

$$V = 100 + \frac{5}{3}t$$

우리는 V가 500일 때의 시간을 구하려고 한다. 그러므로 $V = 500$을 대입하여 t에 관해 푼다.

$$500 = 100 + \frac{5}{3}t$$

$$\frac{5}{3}t = 400$$

$$t = \frac{1200}{5}$$

$$= 240 \text{ 분 또는 4시간}$$

비율을 기술하는 또 다른 방법

비율이 '역수'의 형태일 때도 있다.
가령 모모가 잔디밭 하나를 6시간에 깎는다고 하면,
비율이 어떻게 될까? 깎은 잔디밭의 수를
걸린 시간으로 나누면 된다.

$$비율 = \frac{잔디밭의 수}{시간}$$

$$비율 = \frac{1잔디밭}{6시간} = \frac{1}{6} \text{ 잔디밭/시간}$$

이것 또한 비율을 기술하는 완벽한 방법이다.
어떤 작업을 하나 하는 데 시간 T가 걸린다면,
단위시간당 하는 작업이라는 비율을
구하기 위해서는, 대수학적으로,
시간의 역수를 취하면 된다.

$$1 \text{ 작업} = rT$$

$$r = \frac{1 \text{ 작업}}{T \text{ 시간단위}}$$

(1) $\quad r = \frac{1}{T}$ 작업/시간단위

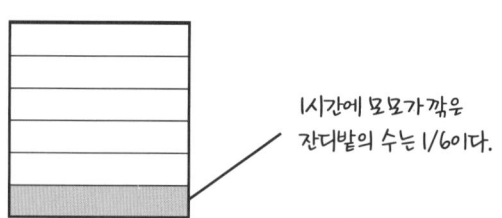

1시간에 모모가 깎은 잔디밭의 수는 1/6이다.

예제 7.
지금 캐빈이 모모를 돕기 위해 크고 강력한 잔디깎기 기계를 가져왔다. 그는 혼자 일할 경우 2시간 만에 잔디를 다 깎을 수 있다. 두 사람이 함께 일하면, 일을 마치는 데 얼마나 걸릴까?

풀이: r_M을 모모의 비율, r_K를 캐빈의 비율이라고 하자.
합성 비율은 두 비율의 합이다.

$$r = r_M + r_K$$

각각의 비율은 다음과 같다.

$$r_M = \frac{1}{6} \quad r_K = \frac{1}{2}$$

두 비율의 합은,

$$\frac{1}{6} + \frac{1}{2} = \frac{2}{3} \text{ 잔디밭/시간}$$

다시 잔디밭을 깎는 데 걸리는 시간을 T라고 하면,
방정식 (1)로 되돌아가서,

$$r = 1/T$$

양변에 T/r을 곱하면

$$T = 1/r$$

즉 시간은 비율의 역수다.
그래서 일을 하는 데 걸리는 시간은,

$$(2/3)^{-1} = \frac{3}{2} \text{ 시간}$$

즉 1시간 30분이 걸린다.

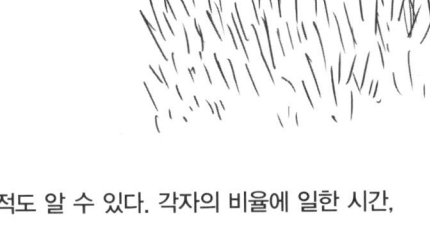

또한 두 사람이 각각 깎은 잔디밭의 면적도 알 수 있다. 각자의 비율에 일한 시간,
즉 3/2시간을 곱하면 구할 수 있다.

모모 $\quad \frac{1}{6} \cdot \frac{3}{2} = \frac{1}{4}$ 잔디밭

캐빈 $\quad \frac{1}{2} \cdot \frac{3}{2} = \frac{3}{4}$ 잔디밭

캐빈은 모모보다 3배의 면적을 깎았다.
캐빈의 비율이 모모의 3배라는 것을 생각하면,
그리 놀랄 일이 아니다.

이 문제는 이 잔디깎기 기계 제조업체에서 출제한 거야…

비례의 의미

두 변수 x, y에 관한 가장 간단한 비율방정식은 다음과 같다.

$$y = Cx$$

여기서 C는 1, 2, 150과 같은 상수이다.
이 방정식의 경우, y는 x에 **비례**한다고 한다.
이 방정식이 참이고, (x_1, y_1)과 (x_2, y_2)가
이 방정식을 만족시키면,

$$\frac{y_1}{x_1} = \frac{y_2}{x_2} = C$$

이고, 이때 C를 **비례상수**라고 한다.

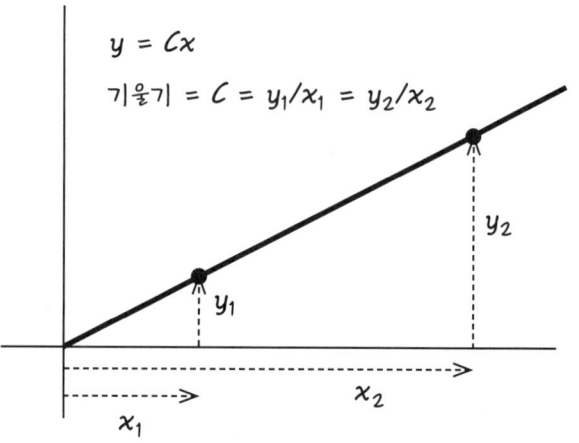

예제 8. 사진의 크기를 조정하는 경우, 사진의 세로와 가로의 비율이 일정하게 유지될 때 확대 또는 축소가 비례적으로 이루어진 것이다. 예를 들어 200퍼센트 확대한다는 것은 세로와 가로 둘 다 2배로 늘린다는 의미이다. 비례적이지 않은 조정은 세로와 가로를 서로 다른 척도로 바꾼 경우이다.

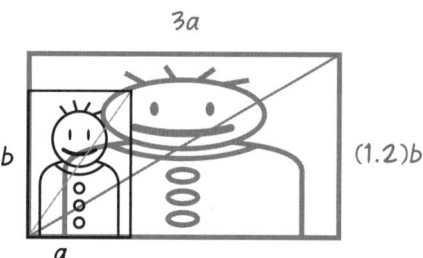

비례적인 조정의 경우에는, 사진 속에 있는 모든 것들이 동일한 척도(위의 왼쪽 사진에서는 2배)로 조정된다. 비례적이지 않은 경우에는 각각 다른 척도가 적용되어 모양이 변형된다.

예제 9. 비례식 문제를 하나 더 풀어보자. 캐빈의 키와 그의 그림자 길이 그리고 나무의 그림자 길이를 안다고 하자. 그러면 나무의 높이를 구할 수 있다.

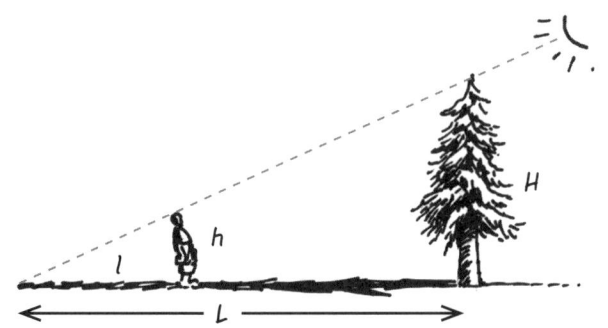

왼쪽 그림처럼, 캐빈은 자신의 머리와 나무의 꼭대기, 태양이 모두 일직선을 이루는 위치에 서 있다고 하자. 그러면 캐빈이든, 나무든, 작은 막대 또는 그 어느 것이든 상관없이, 그림자의 길이에 대한 높이의 비(比)는 이 직선의 기울기가 된다.

식을 세우기 위해 다음과 같이 정하자.

h = 캐빈의 키
H = 나무의 높이
l = 캐빈의 그림자 길이
L = 나무의 그림자 길이

그러면

$$\frac{H}{L} = \frac{h}{l}$$

양변에 L을 곱하면,

$$H = L\frac{h}{l}$$

예를 들어 캐빈의 키가 1.8미터이고, 그림자의 길이가 2.5미터, 그리고 나무의 그림자 길이가 34미터라면,

$$\frac{H}{34} = \frac{1.8}{2.5}, \quad H = \frac{(1.8)(34)}{2.5}$$

H = **24.48** 미터가 나무의 높이다.

나도 조명을 받고 있어!

여러분이 이미 알고 있을 수도 있지만, 계속 반복적으로 나오는 오른쪽 식은 중요하니까 꼭 기억해!

A, a, B, b가 비례 관계, 다시 말해서 $B/A = b/a$이면 또한, (a, b, A, B는 0이 아니다.)

$$Ab = aB, \quad \frac{A}{a} = \frac{B}{b}, \quad \frac{a}{A} = \frac{b}{B}, \quad \frac{a}{b} = \frac{A}{B}$$

세 개의 값을 알면, 나머지 하나의 값을 구할 수 있다.

연습문제

1. 모모는 $3\frac{1}{2}$시간 동안 아이를 돌본 대가로 19.25달러를 받았다. 그녀의 시급은?

2. 자동차에 3.69달러/갤런인 휘발유를 가득 주유하고 44.28달러를 지불했다. 연료통의 용량이 15갤런일 때, 주유 전에 연료통에 들어 있었던 휘발유의 양은?

3. 벌레가 14온스인 케이크 조각을 먹어치우는 데 걸리는 시간은 6분이라고 한다. 벌레의 먹는 비율(단위는 분당 온스)은? 분당 조각의 수로는 비율이 얼마인가?

4. 500그램의 케이크가 있다. 벌레가 오전 6시 45분부터 15그램/분의 비율로 케이크를 먹기 시작했다면, 7시 10분에 남은 케이크의 무게는?

5. 어떤 벌레가 케이크 조각을 먹고 있다. 현재 남은 케이크는 3온스이고, 벌레가 먹는 비율은 2온스/분이다. 10분 전에 남아 있던 케이크의 무게는?

6a. 세리아는 어떤 잔디밭을 3시간에 깎을 수 있다. 제시는 이 잔디밭을 2시간에 깎을 수 있다. 두 사람이 함께 깎는다면, 잔디밭을 다 깎는 데 걸리는 시간은? 잔디밭의 크기가 2배인 경우, 두 사람이 깎는 데 걸리는 시간은?

6b. 제시가 세리아보다 1시간 30분 늦게 잔디를 깎기 시작했다면, 두 사람이 위의 잔디밭을 다 깎는 데 걸리는 시간은?

7. 어떤 잔디밭을 깎는 데 제시는 p시간, 모모는 q시간이 걸린다고 한다. 두 사람이 함께 잔디를 모두 깎는 데 걸리는 시간을 p와 q로 나타내라.

8. 두 대의 자동차가 서로 120마일 떨어져 있다. 두 자동차가 동시에 서로를 향해 달리기 시작했고, 속력은 각각 70마일/시간, 80마일/시간이다.

a. 비율방정식을 이용하여 두 자동차가 만나는 시간과 만나는 지점을 구하라.

b. 두 자동차가 그들 사이의 '도로를 먹어가고' 있다고 생각해보자. 이 문제를 푸는 다른 방법이 있는가?

9. 제시는 A지점에서 B지점까지 달리는 데 30초가 걸리고, 세리아는 같은 거리를 달리는 데 25초가 걸린다. 제시는 A, 세리아는 B에서 동시에 서로를 향해 출발할 때, 두 사람은 언제 어디서 만나는가? 세리아가 제시보다 5초 후에 출발한다면, 두 사람이 만나는 시간과 지점은?

10. 모모는 키가 54인치이고, 그녀의 그림자 길이는 27인치이다. 이때 나무의 그림자 길이를 측정하였더니 41피트였다. 나무의 높이는?

11. 세리아는, 해변에 서서, 바다 위에 떠 있는 배를 바라보고 있다. 배 근처에 부표가 하나 떠 있는데, 해변에서의 거리는 100야드이다. 세리아가 배까지의 거리를 알아낼 수 있는 방법이 있을까?

12. 다음 사각형의 가로는 a, 세로는 b이고, 왼쪽 아래의 모서리가 원점에 위치해 있다. 원점과 마주보는 모서리를 지나는 직선의 방정식은?

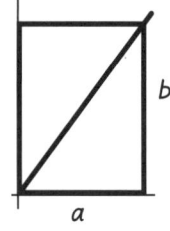

13. 한 사람이 구덩이를 파는 데 걸리는 시간은 20분이다. 실제로 20명이 함께 이 구덩이를 파면, 1분에 끝낼 수 있을까?

Chapter 12
평균에 대하여

예전에 내가 겪었던 황당한
경험 때문에 이 장을 쓰게 됐다.
말하자면, 평균 이하의 경험이었다.
난 여러분이 나와 같은 경우를
당하지 않기를 바란다.

문제는 **전기요금**에서 시작됐다.
집 벽면의 소켓 이외에
전기를 사용할 수 있는 곳이
있다는 것이 얼마나 다행스러운
일인지 모른다.

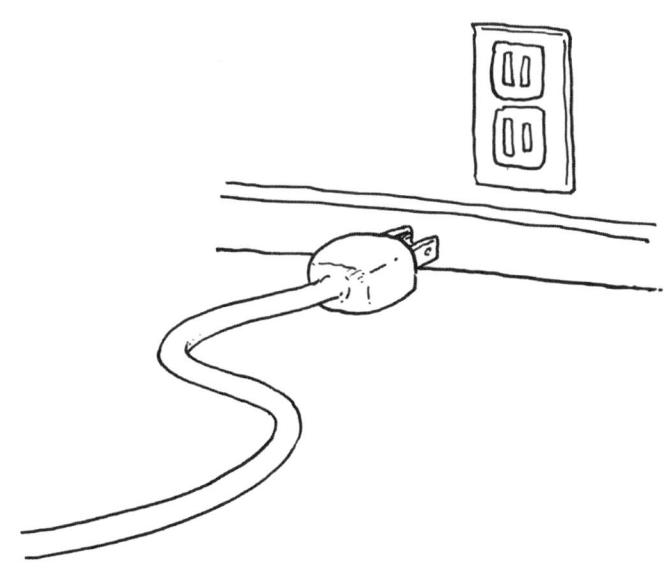

나의 작업실이 있는 건물에서는, **전기요금**을 여러 거주자들이 나눠서 낸다. 각자가 내는 전기요금은 실제 사용량을 기준으로 할당되기 때문에, 전체 전기요금에서 차지하는 비율은 매달 달라진다.

어느 날, 거주자 중 한 사람(P씨라 하자)이 전기요금 문제를 논의하자며 거주자들을 불러모았다. 최근에 그가 지불한 전기요금은 다음과 같았다.

6월에 지불한 전기요금은 **14%**
7월에 지불한 전기요금은 **17%**
8월에 지불한 전기요금은 **14%**
9월에 지불한 전기요금은 **25%**
10월에 지불한 전기요금은 **26%**
11월에 지불한 전기요금은 **30%**
12월에 지불한 전기요금은 **28%**

"평균을 구해봤어요"라고 그가 말했다. 그 말은 위의 7개 숫자를 모두 더해서 7로 나눴다는 뜻이다.

$$\frac{14+17+14+25+26+30+28}{7}$$

결과는

여기서 질문: P씨는 어떤 실수를 범했을까?

키

평균이 무슨 의미인지는 우리 모두 알고 있다. 평균적인 사람은 다른 사람에 비해 중간에 있는 사람이다. 예를 들어 다음 다섯 친구들의 평균 키는 가장 작은 54인치와 가장 큰 66인치 사이의 어떤 숫자이다.

두 수의 평균은 두 수의 '차이를 반으로 쪼개는' 수이다. 즉 정확하게 두 수의 중간에 있다. 다음 경우 차이는 12이고, 평균은 60이다.

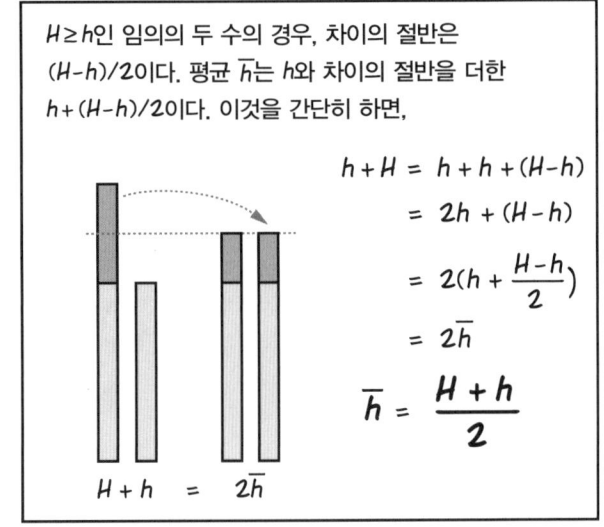

$H \geq h$인 임의의 두 수의 경우, 차이의 절반은 $(H-h)/2$이다. 평균 $\bar{h}$는 h와 차이의 절반을 더한 $h+(H-h)/2$이다. 이것을 간단히 하면,

$$h+H = h+h+(H-h)$$
$$= 2h+(H-h)$$
$$= 2(h+\frac{H-h}{2})$$
$$= 2\bar{h}$$
$$\bar{h} = \frac{H+h}{2}$$

두 수의 평균은 **두 수의 합의 절반**이다. 마찬가지로, 여러 개의 수 $A_1, A_2, A_3, \cdots, A_n$의 평균은 모든 수들의 합에 $1/n$을 곱한 것이다. 평균을 $\bar{A}$라 하고 다시 쓰면,

그래서 우리의 다섯 영웅들의 평균 키는

$$\frac{66 + 66 + 64 + 60 + 54}{5}$$

$$= \frac{310}{5} = 62 \text{인치}$$

66을 두 번 더한 것은, 두 사람의 키가 66이기 때문이야!

또한 우리는 남자와 여자의 평균 키를 각각 따로 구할 수가 있다. 다음을 보자.

이렇게 하면 평균 키를 좀 더 올릴 수 있겠지…

여자들

$$\frac{64 + 54}{2} = 59 \text{인치}$$

남자들

$$\frac{66 + 66 + 60}{3} = 64 \text{인치}$$

마지막으로, 남자들의 평균 키와 여자들의 평균 키를 평균하면, 전체의 평균 키가 구해질까? 한번 계산해보자….

$$\frac{64 + 59}{2} = \frac{125}{2} = 62.5$$

P씨의 실수를 알아차린 사람 없어?

가까운 값이지만,

62는 아니다!!!

서로 다른 두 그룹의 평균을 평균하면, 두 그룹을 합친 전체의 평균과는 다른 결과가 나온다!!

안 돼!

무게

이제 키는 잊어버리고, 수(數)직선 위의 두 점 A, B를 생각해보자. 평균은 두 점의 중점인 (A+B)/2이고, 이 점은 A와 B 사이의 선분이 시소처럼 균형을 잡게 되는 점이다.

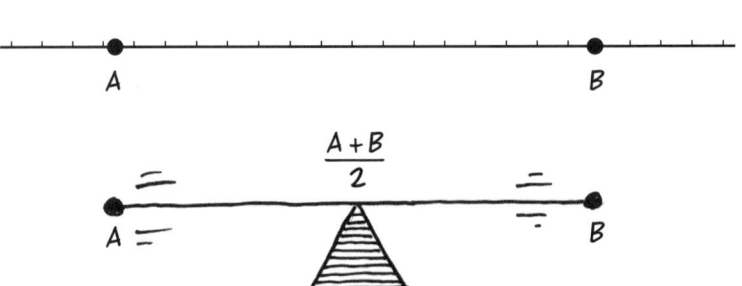

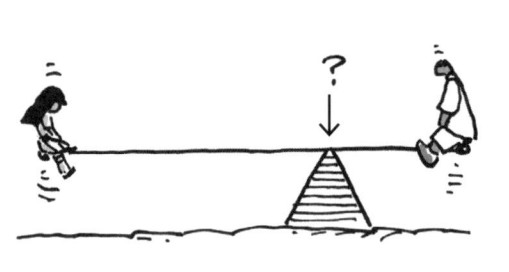

다행히도, 시소의 경우 이런 균형점 또는 무게중심을 구하는 방정식이 간단하다. A에 있는 물체의 무게를 W_A, B에 있는 물체의 무게를 W_B, A쪽 선분의 길이를 L_A, B쪽의 길이를 L_B라고 하면,

$$W_A L_A = W_B L_B$$

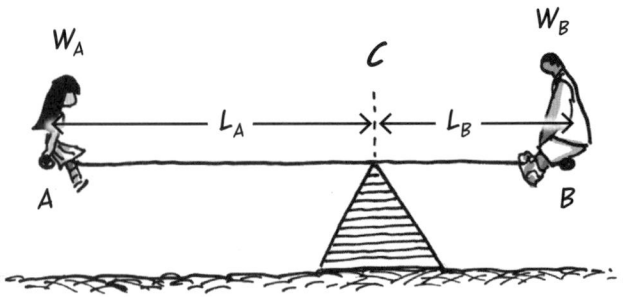

균형 상태에서는, 양변의 곱이 서로 같다. W_A가 증가하면, 길이 L_A는 감소해야 한다. 왜냐하면 둘의 곱인 $L_A W_A$의 값이 일정하게 유지되어야 하기 때문이다.

예제 1.
앞의 시소 방정식을 이용하여 무게중심을 찾아보자. $A = 3$, $B = 9$라고 하자. A에는 $W_A = 75$파운드, B에는 $W_B = 150$파운드의 물체가 놓여 있다면, 무게중심 C의 위치는?

풀이: 길이 $L_A = C-3$이고, 길이 $L_B = 9-C$이다. 이것들을 시소 방정식에 대입해서, C에 관해 푼다.

$$W_A L_A = W_B L_B$$
$$75(C-3) = 150(9-C)$$
$$C - 3 = 2(9-C) \quad \text{75로 나눈다!}$$
$$C - 3 = 18 - 2C$$
$$3C = 21$$
$$C = 7$$

저기 어딘가에 있겠지…

임의의 수 $A \leq B$와 무게 W_A, W_B에 대해 위와 같은 방법으로 계산하면, 무게중심 C를 구할 수 있다. $L_A = C-A$이고, $L_B = B-C$이니까…

$$W_A L_A = W_B L_B$$
$$W_A(C - A) = W_B(B - C)$$
$$W_A C + W_B C = W_A A + W_B B$$
$$C(W_A + W_B) = W_A A + W_B B$$

그래서…

$$C = \frac{W_A A + W_B B}{W_A + W_B}$$

이 점은 또한 무게가 W_A인 A와 무게가 W_B인 B의 **가중평균**이라고도 말한다.

다시 예제 1.
이번에는 예제 1에서 나오는 숫자들을 단순히 위의 C에 관한 공식에 대입한다. 물론 위에서와 똑같은 답이 나온다!

$$C = \frac{(75)(3) + (150)(9)}{75 + 150}$$
$$= \frac{225 + 1350}{225}$$
$$= 7$$

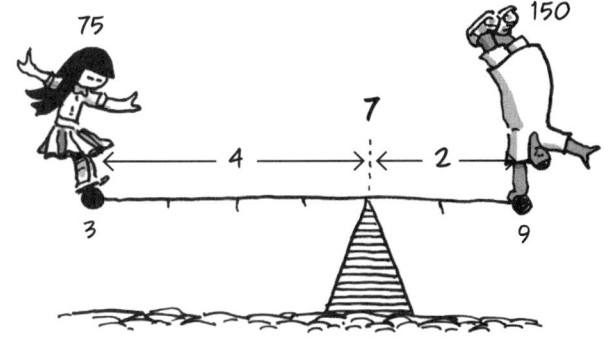

그리고 검산한다(이건 처음 해보는 것이 아니다). $L_A = 4$, $L_B = 2$를 시소 방정식에 대입하면, 방정식이 만족됨을 알 수 있다.

$$(4)(75) = (2)(150) = 300$$

가중평균의 공식과 친숙해지고,
또한 계산을 단순화하기 위해서 좀 더 다뤄보자.
단순화를 위해, 무게의 합을 W로 쓰자.

$$W = W_A + W_B$$

공식을 다시 정리하면,

$$C = \frac{W_A A + W_B B}{W}$$

$$= \frac{W_A}{W} A + \frac{W_B}{W} B$$

저 분수들…
저기엔
뭔가 있는 것
같은데….

위 식의 계수인 W_A/W와 W_B/W는 특징이 있다.
둘을 더하면 1이 된다.

$$\frac{W_A}{W} + \frac{W_B}{W} = \frac{W_A + W_B}{W}$$

$$= \frac{W}{W}$$

$= 1$!

예를 들면?

예제 1의 경우, 이 계수들을 구하면

$$\frac{W_A}{W} = \frac{75}{225} = \frac{1}{3}$$

$$\frac{W_B}{W} = \frac{150}{225} = \frac{2}{3}$$

이를 이용하면, 무게가 각각 75와 150인 3과 9의
가중평균이 너무 쉽게 구해진다!

$$C = \tfrac{1}{3}(3) + \tfrac{2}{3}(9)$$
$$= 1 + 6 = 7$$

우와!

이 의미는: 가중평균이 무게의 **값**이 아니라, 각 무게가 **총 무게에서 차지하는 비중**에 따라 결정된다는 것이다. 이 비중이 같으면, 가중평균도 같다!

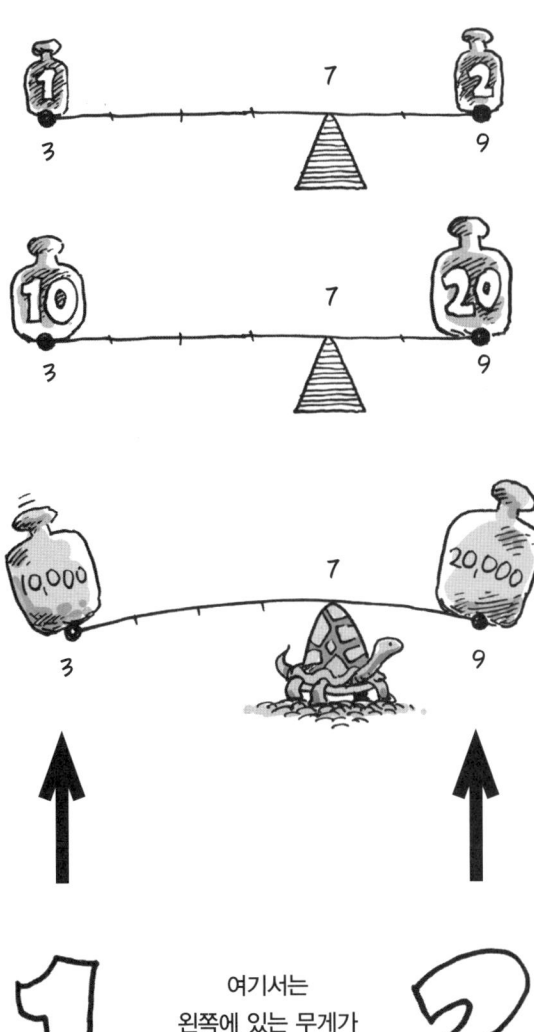

여기서는 왼쪽에 있는 무게가 총 무게의 $\frac{1}{3}$이고, 오른쪽에 있는 무게가 $\frac{2}{3}$이다.

이제 A와 B의 가중평균을 다음과 같은 합으로 생각할 수 있다.

여기서 $p+q=1$이다. (1/3과 2/3, 1/4와 3/4, 2/5와 3/5 등등.)

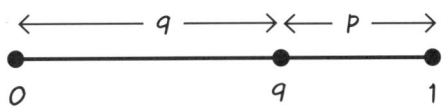

이 수 $pA+qB$는 'A에서 B로 가는 거리의 q'에 해당한다. B가 $\frac{2}{3}$에 의해 가중될 때, 가중평균은 A에서 B로 가는 거리의 $\frac{2}{3}$에 해당하는 점이다. 대수학적으로는, A에 $q(B-A)$를 더한 $C = A + q(B-A)$이다.

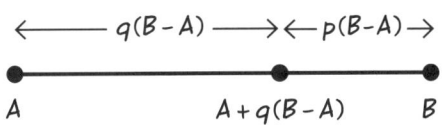

왜냐하면,

$$A + q(B-A)$$
$$= (1-q)A + qB$$
$$= pA + qB \quad (p = 1-q\text{이다!})$$

예제 1에서, 7이 정확하게 3에서 9로 가는 길의 $\frac{2}{3}$지점임을 알 수 있다.

 **가중평균은 항상 '더 무거운' 쪽에 가깝다.**

오케이….
가중평균이 시소의 균형점을
찾는 것 이외에 다른 쓰임새가 있을까?

있다!

**가중평균은 다른 평균들 또는
비율들의 평균을 구할 때 쓰인다.**

예제 2. 167쪽의 평균 키 문제로 돌아가서, 여성의 평균 키를 $\overline{F}$, 남성의 평균 키를 $\overline{M}$이라고 하자. 그러면

$$\overline{F} = \frac{64+54}{2} \qquad \overline{M} = \frac{66+66+60}{3}$$

그래서

$$64+54 = 2\overline{F} \qquad 66+66+60 = 3\overline{M}$$

전체의 평균 키 $\overline{H}$는

$$\overline{H} = \frac{64+54+66+66+60}{5}$$

그런데 $64+54 = 2\overline{F}$이고,
$66+66+60 = 3\overline{M}$이므로

$$\overline{H} = \frac{2\overline{F} + 3\overline{M}}{5}$$

$$= \frac{2}{5}\overline{F} + \frac{3}{5}\overline{M}$$

 $\overline{H}$는 $\overline{F}$와 $\overline{M}$의 **가중평균**이다.
여기서 $\overline{F}$의 가중치는 여성의 수(2)이고,
$\overline{M}$의 가중치는 남성의 수(3)이다.

이것을 검산하면,

$$\frac{2}{5}(59) + \frac{3}{5}(64)$$
$$= 23.6 + 38.4$$
$$= 62$$

정확하게 전체 평균이 된다.

추가 예제들:

3. 자동차가 전방으로 60마일/시간의 속력으로 4시간 달린 후, 70마일/시간으로 속력을 높여서 2시간을 달렸다. 6시간 동안의 자동차의 평균속력 $\bar{v}$는?

60 마일/시간   70 마일/시간

풀이: $\bar{v}$는 총 이동거리 d를 총 경과시간 t로 나눈 것이다.

$d = $ (60마일/시간)(4시간) + (70마일/시간)(2시간)

$t = $ 4시간 + 2시간

$$\bar{v} = \frac{(4)(60)+(2)(70)}{6} = 63\tfrac{2}{3} \text{ 마일/시간}$$

이것은 속력들의 가중평균이다. 각 속력의 가중치는 그 속력으로 달린 **시간**이다.

4. 어느 타자의 타율은 최초의 100타석에서 0.330이었고, 그다음 200타석에서 0.285이었다. 그의 전체 평균타율은?

풀이: 평균타율은 총 안타 수를 총 타석 수로 나눈 것이다.

$$\text{평균타율} = \frac{(100)(0.330) + (200)(0.285)}{100 + 200} \quad \begin{matrix}\leftarrow \text{총 안타 수} \\ \leftarrow \text{총 타석 수}\end{matrix}$$

이것 또한 또 다른 가중평균이다. 각 부분의 평균타율의 가중치는 그 부분의 **타석 수**이다. 이 식의 계산 결과는 $\tfrac{1}{3}(0.330) + \tfrac{2}{3}(0.285) = 0.300$이다.

일반적으로, 어떤 일이 시간 t_1 동안 r_1의 비율로 일어났고, 시간 t_2 동안 비율이 r_2로 변경됐다면, 전체 시간 동안의 전체 평균비율 $\bar{r}$은 r_1과 r_2의 가중평균이다. 각 비율의 가중치는 그 비율이 지속된 시간이다.

$$\bar{r} = \frac{r_1 t_1 + r_2 t_2}{t_1 + t_2}$$

한편, 보통의 평균인 (A+B)/2도 가중치가 동일한 가중평균이다!

또한 우리는 **많은** 숫자들의 가중평균에 대한 식도 쓸 수 있다. $A_1, A_2, \cdots A_n$이 숫자이고, $w_1, w_2, \cdots w_n$이 가중치라면, 가중평균 $\bar{A}$는 오른쪽과 같다.

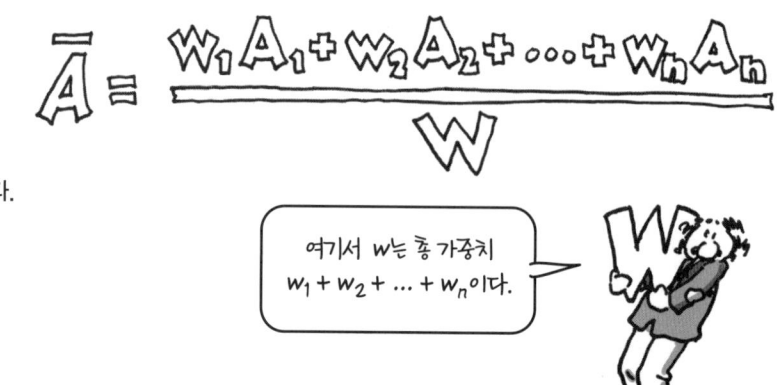

여기서 w는 총 가중치 $w_1 + w_2 + \cdots + w_n$이다.

이제 P씨와 전기요금의 문제로 돌아가자.

날 혼자 내버려 둬!

P씨의 실수는 **매달 납부한 전기요금을** 무시한 것이었다. 오른쪽 표는 월별로 전기요금을 정리한 것이며, 달러는 반올림한 수치다. 왼쪽 칸은 P씨에게 부과된 퍼센트이고, 가운데 칸은 전체 전기요금, 오른쪽 칸은 그가 납부한 전기요금이다.

그래? 그래서?

	퍼센트	전체 요금	납부액
6월	0.14 ×	$117 =	$16
7월	0.17 ×	$122 =	$21
8월	0.14 ×	$96 =	$13
9월	0.25 ×	$176 =	$44
10월	0.26 ×	$215 =	$56
11월	0.30 ×	$248 =	$74
12월	0.28 ×	$255 =	$71
합계		$1229	$295

이 시점에서, P씨의 **평균퍼센트**를 구하는
가장 쉬운 방법은 7개월 동안 그가 납부한
요금을 전체 요금으로 나누는 것이다.

$$\frac{\$295}{\$1229} = 24\%$$

P씨가 첫째 칸을 평균해서 구한
22퍼센트가 아니다.

지금쯤 여러분은 여기서 다루고 있는 것이 **가중평균**임을 알아차렸을 것이다.
월별 퍼센트는 각각 그 달의 **전기요금**을 가중치로 갖고 있다. 전기요금은 건물 전체가 사용한 전기량을 나타낸다.
겨울철에는 전기 사용량이 늘어났고, P씨의 **퍼센트도 더 높아졌다.**

$$\frac{(0.14)(117)+(0.17)(122)+(0.14)(96)+(0.25)(176)+(0.26)(215)+(0.3)(248)+(0.28)(255)}{117+122+96+176+215+248+255}$$

이유는? 겨울은 밤이 길고 춥기 때문에 통상 전기요금이 많이 나온다. 게다가 P씨와 다른 거주자들 간에도
차이가 있다. P씨는 그 건물에서 살았지만, 나머지 거주자들은 사무실로만 이용했다. 그래서 밤에는,
다른 거주자들은 퇴근하고, P씨는 전등과 히터를 사용했기 때문에 그의 퍼센트가 올라갔다.
고집 센 P씨의 이야기는 이렇게 끝이 났다.

연습문제

1. 다음 수들의 평균을 구하여라.

  a. 7과 17
  b. 9와 12
  c. 1,000,000과 1,000,002
  d. -9와 -12
  e. 9와 -12
  f. 55와 -55
  g. -1,000,000과 1,000,002
  h. 19, 21, 23
  i. 5, 38, 2
  j. 103, 4, -100, 1

2. 다음 수들의 가중평균을 구하여라.

  a. 가중치 3인 7과 가중치 1인 11
  b. 가중치 2인 1과 가중치 1인 2
  c. 가중치 5인 -2와 가중치 15인 2
  d. 가중치 11인 0과 가중치 1인 12
  e. 가중치 0인 0과 가중치 w인 A
  f. 가중치 3인 0과 가중치 9인 -1
  g. 가중치 0.23인 100과 가중치 0.77인 1,000

3. 임의의 수 a, b, c, d에 대해 다음을 증명하라.

$$\frac{a}{a+b} = \frac{c}{c+d} \text{ 이면, } \frac{a}{b} = \frac{c}{d}$$

4. A와 B 사이의 선분 위에 다음 식에 해당하는 점을 표시하라.

  a. $\frac{1}{10}A + \frac{9}{10}B$ d. $\frac{999}{1000}A + \frac{1}{1000}B$
  b. $\frac{1}{4}A + \frac{3}{4}B$ e. $\frac{3A + 2B}{5}$
  c. $\frac{2}{3}A + \frac{1}{3}B$ f. $\frac{610A + 305B}{915}$

5. 케빈은 줄에 매달린 막대에 물건들을 매달고 있다. 줄에서 3인치 떨어진 곳에 7온스인 물건을, 줄에서 9인치 떨어진 반대편에 1온스인 물건을 매달았다. 세 번째 물건은 3온스인데, 막대가 수평을 유지하려면 어디에 매달아야 하는가? 막대와 실의 무게는 무시하라. (힌트: 균형점인 C의 위치를 0으로 정한다.)

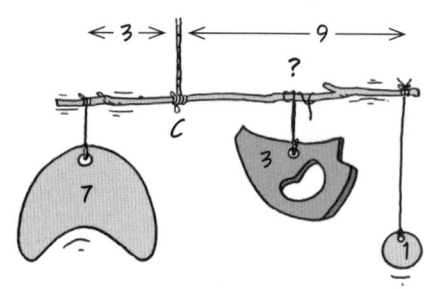

6. 자동차가 40마일/시간으로 3시간, 80마일/시간으로 2시간 달렸다고 한다. 총 경과시간인 5시간 동안의 평균속력은?

7. 세리아는 자동차로 120마일 떨어져 있는 삼촌댁에 다녀왔다. 갈 때는 40마일/시간으로, 돌아올 때는 60마일/시간으로 달렸다. 세리아가 삼촌댁에 갔다 오는 동안의 평균속력은? (힌트: 가고 오는 데 각각 걸린 시간은?)

8. 자동차가 속력 v_1으로 거리 d_1을 달린 다음, 속력 v_2로 거리 d_2를 달렸다. 달린 거리 전체에 대한 평균속력을 d_1, d_2, v_1, v_2로 나타내라.

9. 모모는 시즌 전반기에 4타석에 출전하여 0.750의 타율을 기록했다. 시즌 후반기에는 100타석에 출전했고 타율은 0.300이었다. 시즌 전 기간의 모모의 평균타율은?

10. 제시도 모모와 함께 같은 시즌에 출전했다. 하지만 제시의 타율은 전, 후반기 모두 모모의 타율보다 낮았다. 시즌 전 기간에 대해, 제시의 평균타율이 모모의 평균타율보다 높을 가능성이 있을까?

Chapter 13
제곱수

어떤 수를 제곱한다는 것은 다음처럼 그 수에 자신을 곱한다는 뜻이다.

또한 변수도 다음처럼 제곱할 수 있다.

앞에서 말했듯이, 모든 변이 x인 정사각형(square)의 면적이 x^2이기 때문에, x^2을 x를 '제곱(squaring)'한다고 말한다.

변수의 제곱(또는 두 변수의 곱)이 포함되어 있는 식, 예를 들면 $4x^2-3xy+y^2$과 같은 식을 **이차식**이라고 한다.
이차는 영어로 **quadratic**인데, 이 말은 '제곱'을 뜻하는 라틴어 quadra가 어원이다.

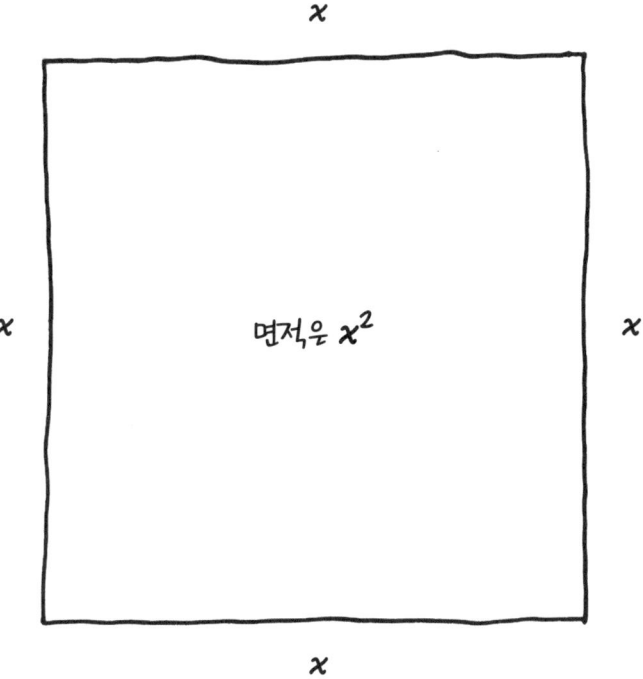

가장 오랜 이차식 문제는 4,000년 전 바빌로니아의 수수께끼로, 직사각형 모양인 땅의 둘레와 면적이 주어졌을 때 변의 길이를 구하는 것이었다. 예를 들어 둘레의 길이가 32이고 면적이 63일 때, $2r+2s=32$이고 $rs=63$인 r과 s를 구하는 문제다.

$2r+2s = 32$
$rs = 63$

변수의 곱 rs는 땅이 직사각형이라는 일종의 단서다….

또 하나의 오래된 예(가장 멋진 이차관계식 중 하나)는 고대 그리스의 피타고라스가 만든 식이다. **피타고라스**는 평면 위의 두 점 사이의 **거리**를 두 점 간의 상승거리와 진행거리로 나타냈다. x가 진행거리, y가 상승거리이면 다음처럼 단순한 공식이 성립된다.

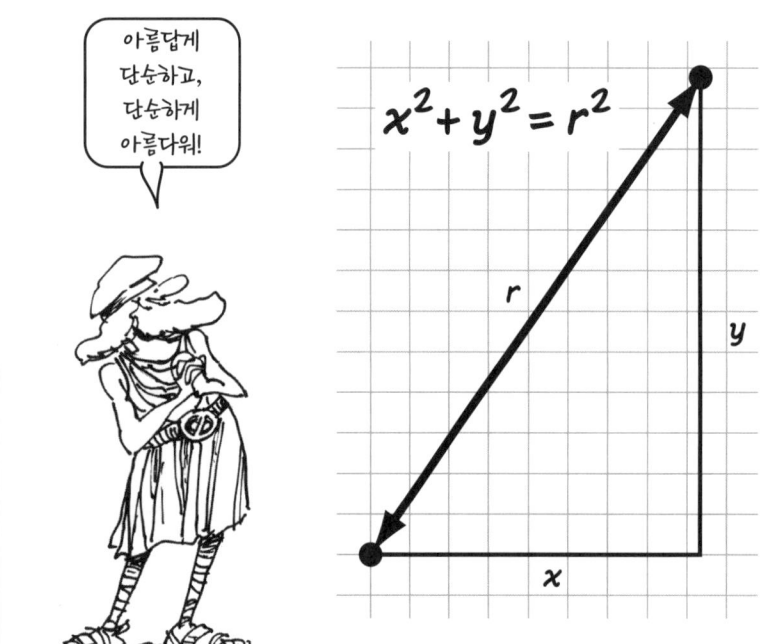

$$x^2+y^2=r^2$$

(기하학을 이용하면 이 식이 성립하는 이유를 알 수 있지만, 이 멋진 식을 배우기에는 아직 때가 아니다!!!)

그리고 또 하나,
대포알의 탄도에 관한 탄도학이 있다.
날아가는 대포알의 높이 h와
대포로부터의 (수평)거리 s의 관계는
다음 식과 같이 나타낼 수 있다.

$$h = as^2 + bs + h_0$$

여기서 h_0는 대포 자체의 높이고,
a와 b는 포신의 기울기와
대포알의 발사속력에 의해
결정되는 상수이다.

문제는 대포알이 땅에
떨어지는 지점,
$h = 0$일 때의 s를
구하는 것으로,
다음 방정식을 s에 관해
푸는 것을 말한다.

$$as^2 + bs + h_0 = 0$$

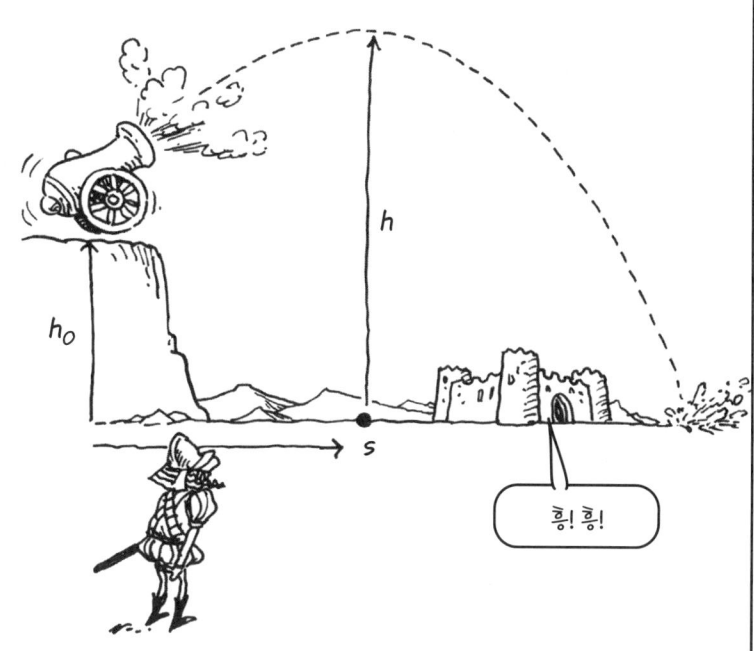

이 문제에 대한 국가의 관심이 얼마나 컸을지 상상해보라! 그래서 대포가 유럽에 도착한 후 머지않아, 이차방정식이 따라 들어왔다.

우리의 첫 번째 이차식은…

$(x+r)(x+s)$

이다. 지금까지 우리는 $a(c+d)$와 $b(c+d)$와 같은 식을 많이 봐왔다. 이 두 식의 합은 뭘까?

$a(c+d) + b(c+d) = ?$

$c+d$를 하나의 수로 생각하면, 분배법칙을 이용하여 그 인수를 덧셈 밖으로 끌어낼 수 있다.

$$a(c+d) + b(c+d) = (a+b)(c+d)$$

영차!

그래서 $a(c+d)+b(c+d) = (a+b)(c+d)$이다. 또한 우리는 $a(c+d)+b(c+d) = ac+ad+bc+bd$임도 알고 있다. 이 두 식으로부터 $(a+b)(c+d)$의 전개식을 알 수 있다.

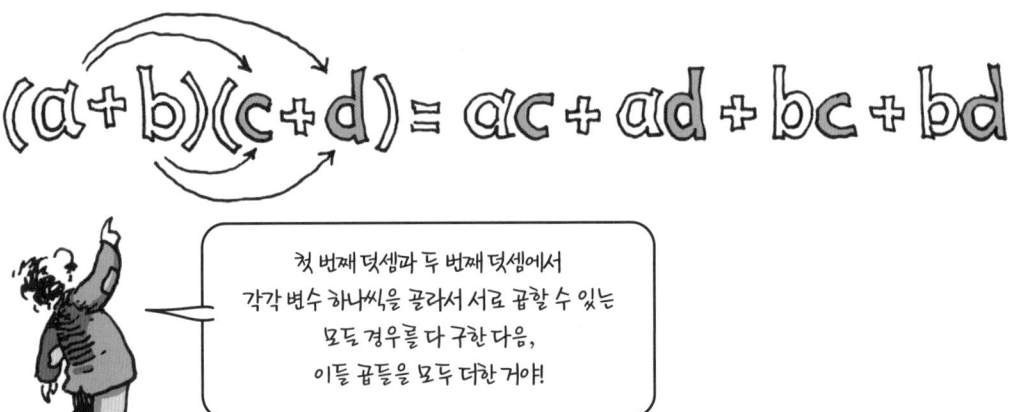

$$(a+b)(c+d) = ac + ad + bc + bd$$

첫 번째 덧셈과 두 번째 덧셈에서 각각 변수 하나씩을 골라서 서로 곱할 수 있는 모든 경우를 다 구한 다음, 이들 곱들을 모두 더한 거야!

오른쪽 그림처럼 $(a+b)(c+d)$를 직사각형으로 그릴 수도 있다. 직사각형의 두 변은 각각 $(a+b)$, $(c+d)$이다. 직사각형의 면적 $(a+b)(c+d)$는 4개의 작은 직사각형들의 면적의 합이다.

	a	b	
	ac	bc	c
	ad	bd	d

이제 r과 s를 임의의 수라고 하자.
방금 배운 것을 이용해서 $(x+r)(x+s)$를
전개할 수 있다.

$(x+r)(x+s)$

$= xx + rx + sx + rs$

$= x^2 + (r+s)x + rs$

그 결과는 x에 관한 이차식이고,
여기에는 상수항 rs와, x의 계수, 즉
'일차항의 계수'인 $r+s$도
포함되어 있다.

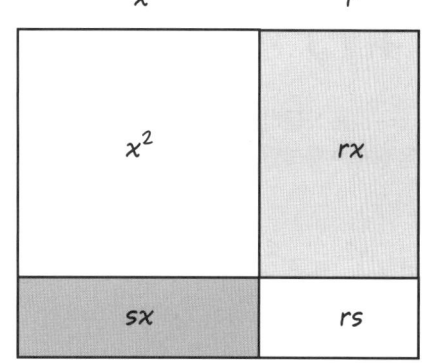

음영부분의 면적은 $rx + sx = (r+s)x$이다.

예제:

1.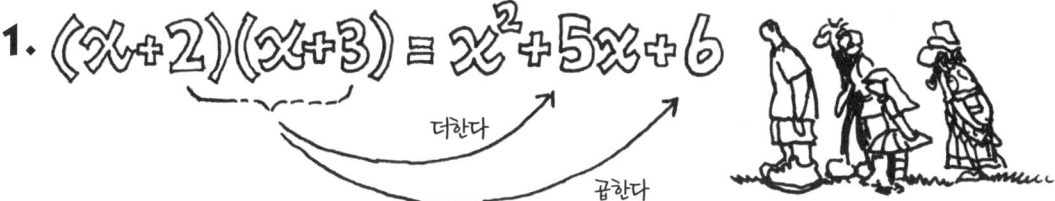

더한다
곱한다

2. $(x+1)(x+7)$
$= x^2 + (1+7)x + (1)(7)$
$= x^2 + 8x + 7$

3. $(x-1)(x+2)$
$= x^2 + (2-1)x + (-1)(2)$
$= x^2 + x - 2$

5. $(x-1)(x-3)$
$= x^2 + (-1-3)x + (-1)(-3)$
$= x^2 - 4x + 3$

예제 3~5를 봐. r과 s가
반드시 양수일 필요는 없어.

4. $x(x+3) = x^2 + 3x$
(여기서는 $r=0$)

그런데 방정식에서 계수로
튀어나온 rs와 $r+s$가
'바빌로니아의 수*'라는 것을
알고 있는가?
(어쨌든, 사실은, $r+s$는
바빌로니아의 합 $2r+2s$의 반이다.
하지만 이게 그리 중요한 것은 아니다.)

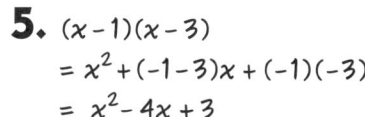

문명은 변하지만,
수학은… 영원해!

---

* 본문 178쪽에서 나온 $2r+2s$, rs를 말한다.

특별한 두 가지 경우

$(x+r)^2$

일차식 $(x+r)$을 제곱하면,
아름다운 형태가 나타난다.

$$(x+r)^2 = x^2 + 2rx + r^2$$

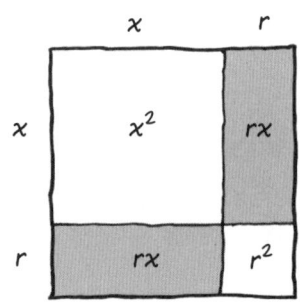

예제 6. 다음 식들은 정말 멋지다. 그렇지 않은가?

$(x+1)^2 = x^2 + 2x + 1$
$(x+2)^2 = x^2 + 4x + 4$
$(x+3)^2 = x^2 + 6x + 9$
$(x+4)^2 = x^2 + 8x + 16$

$(x-1)^2 = x^2 - 2x + 1$
$(x-2)^2 = x^2 - 4x + 4$
$(x-3)^2 = x^2 - 6x + 9$
$(x-4)^2 = x^2 - 8x + 16$

$(x+r)(x-r)$

이 식은 $r+(-r)=0$이므로,
중간 항이 감쪽같이 사라진다.
상수항은 $(r)(-r) = -r^2$이다.

$$(x+r)(x-r) = x^2 - r^2$$

예제 7. $r=1$일 때는 또 하나의
아름다운 식이 된다.

$$x^2 - 1 = (x+1)(x-1)$$

그리고 또한

$x^2 - 4 = (x+2)(x-2)$
$x^2 - 9 = (x+3)(x-3)$

암산 요령

방정식 $(x+1)(x-1) = x^2-1$을 이용하면, 차이가 2인 두 수의 곱셈을 빠르게 할 수가 있다.

예제 8. 곱셈 15×17의 경우, 15 = 16-1이고 17 = 16+1이다. 그래서

$$15 \times 17 = (16-1)(16+1) = 16^2 - 1 = 256 - 1$$
$$= 255$$

이 곱셈을 암산으로 하려면, 제곱수들을 기억해둘 필요가 있다. 오른쪽 표는 제곱수들을 정리한 것이다.

n	n^2
1	1
2	4
3	9
4	16
5	25
6	36
7	49
8	64
9	81
10	100
11	121
12	144
13	169
14	196
15	225
16	256
17	289
18	324
19	361
20	400
21	441
22	484
23	529
24	576
25	625
26	676
27	729
28	784
29	841
30	900
31	961
32	1,024
33	1,089

차이가 작은 짝수인 두 수의 곱셈을 계산하는 요령은, 그 차이를 절반씩 나누는 수를 찾아 공식을 이용하는 것이다.

예제 9. 98×102를 계산하라.

두 수의 중간에 있는 수는 100이다.

$$98 = 100 - 2, \quad 102 = 100 + 2$$
$$98 \times 102 = 100^2 - 2^2$$
$$= 10,000 - 4$$
$$= 9,996$$

* 테이블(table)은 ①표, ② 식탁의 두 가지 뜻으로 사용된다.

방정식의 근

어떤 식의 근은 그 식의 값을 0으로 만드는 수이다.
즉 $ar^2+br+c=0$인 r이 식 ax^2+bx+c의 근이다.

다시 말하면, ax^2+bx+c의 근은
다음 방정식의 해이다.

$$ax^2+bx+c=0$$

근은 식을 '0이 되어 사라지게' 하는
변수의 값이다. 곧 알게 되겠지만,
이차식은 숨어 있는 근에서
밖으로 자라난다….

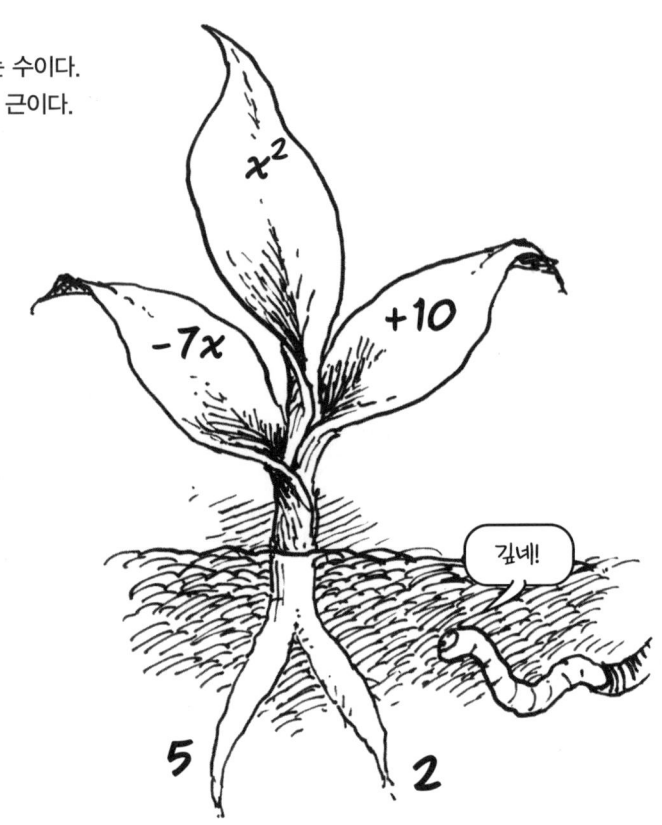

그리고 우리의 목표는
근을 파내는 것이다.

예제 10.
-2는 식 $3x^2+15x+18$의 근이다.
왜냐하면 x 대신 -2를 대입하면,
식의 값이 0이 되기 때문이다.

$$3(-2)^2 + (15)(-2) + 18$$
$$= (3)(4) - 30 + 18$$
$$= 12 - 30 + 18 = 0$$

그래요, 그런데 -2를 어디서 단번에 따낸 거죠?

그것이 풀어야 할 문제야!

중요한 사항:
주어진 방정식 $3x^2+15x+18=0$에 대해, '최고차항'인 x^2의 계수(이 경우는 3)로 양변을 나눌 수 있으며, 그렇게 해도 방정식은 여전히 성립한다.

$$3x^2 + 15x + 18 = 0$$
$$x^2 + 5x + 6 = 0$$

-2가 x^2+5x+6의 근인지 확인하고, -3도 역시 두 방정식의 근인 걸 확인해봐!

위의 한 방정식이 성립하면,
다른 방정식도 성립한다.
즉 두 방정식의 해는 같다….
새로운 용어로 표현하면,
식 $3x^2+15x+18$의 근은
x^2+5x+6의 근과 같다.

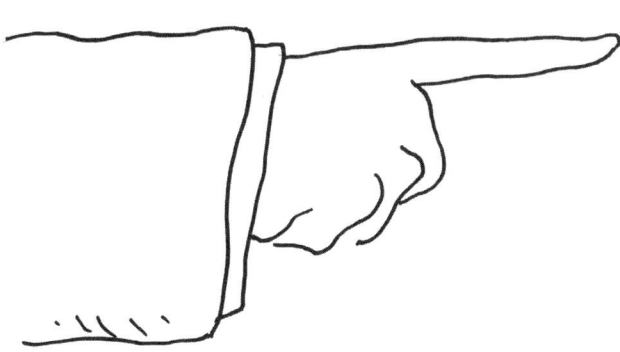

어떤 이차방정식도 마찬가지다.
방정식 $ax^2+bx+c=0$은

$$x^2 + \frac{b}{a}x + \frac{c}{a} = 0$$

과 해가 같다. 그래서 근을 구하는 문제에 관한 한, 방정식의 최고차항의 계수를 1이라고 가정해도 된다.

$(x-r)(x-s)$의 근들

181쪽에서 $(x+r)(x+s)$를 전개하는 법을 배웠다.
플러스 기호를 마이너스 기호로 바꾸면,
$(x-r)(x-s)$도 똑같은 방법으로 전개할 수 있다.

$$(x-r)(x-s) = x^2 - rx - sx + (-r)(-s)$$
$$= x^2 - (r+s)x + rs$$

예제 5가 이런 경우였다.
한 문제를 더 풀어보자.

예제 11.

$$(x-4)(x-7) = x^2 - (4+7)x + (4)(7)$$
$$= x^2 - 11x + 28$$

$(x-r)(x-s)$의 근은 바로 눈앞에 있다. r과 s가 근이다!!
$x=r$을 대입하면, 첫 번째 인수가 $r-r=0$이 되어 식이 0이 된다.
마찬가지로, $x=s$는 두 번째 인수를 0으로 만든다.

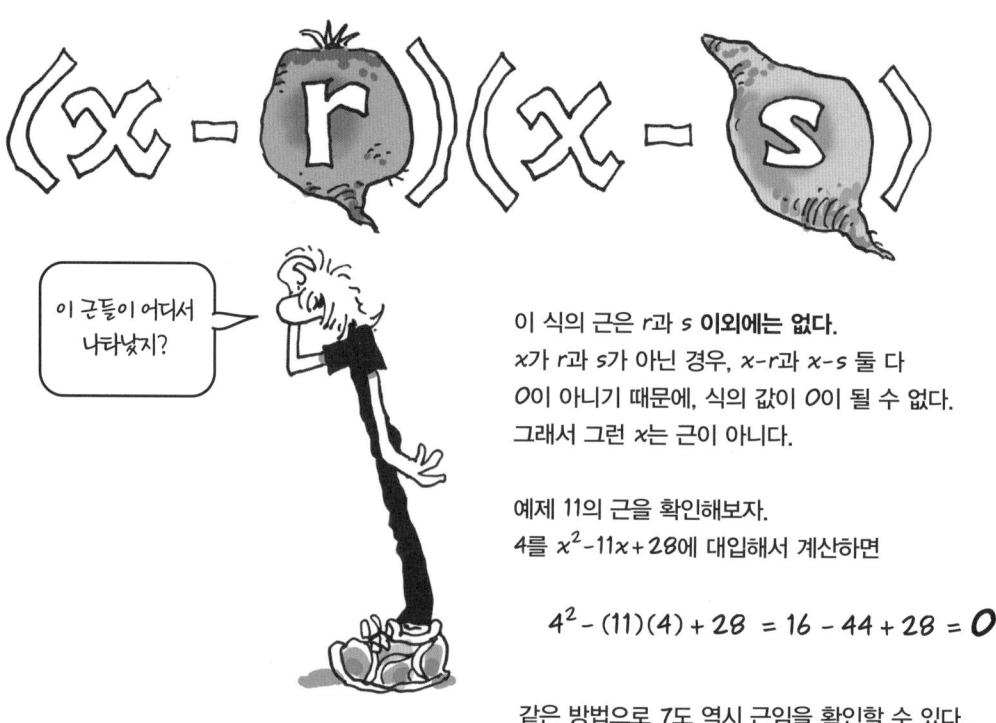

이 식의 근은 r과 s 이외에는 없다.
x가 r과 s가 아닌 경우, $x-r$과 $x-s$ 둘 다
0이 아니기 때문에, 식의 값이 0이 될 수 없다.
그래서 그런 x는 근이 아니다.

예제 11의 근을 확인해보자.
4를 $x^2 - 11x + 28$에 대입해서 계산하면

$$4^2 - (11)(4) + 28 = 16 - 44 + 28 = 0$$

같은 방법으로 7도 역시 근임을 확인할 수 있다.

내가 앞에서 이차식은 근으로부터 자라난다고 말한 의미가 바로 이것이다.
계수가 1, b, c인 식 x^2+bx+c가 주어졌을 때, 근 r과 s는 식 속에 숨겨져 있다.
우리가 근을 찾을 수 있다면, 이 식이 '정말로' $(x-r)(x-s)$였다는 걸 알게 되는 것이다.

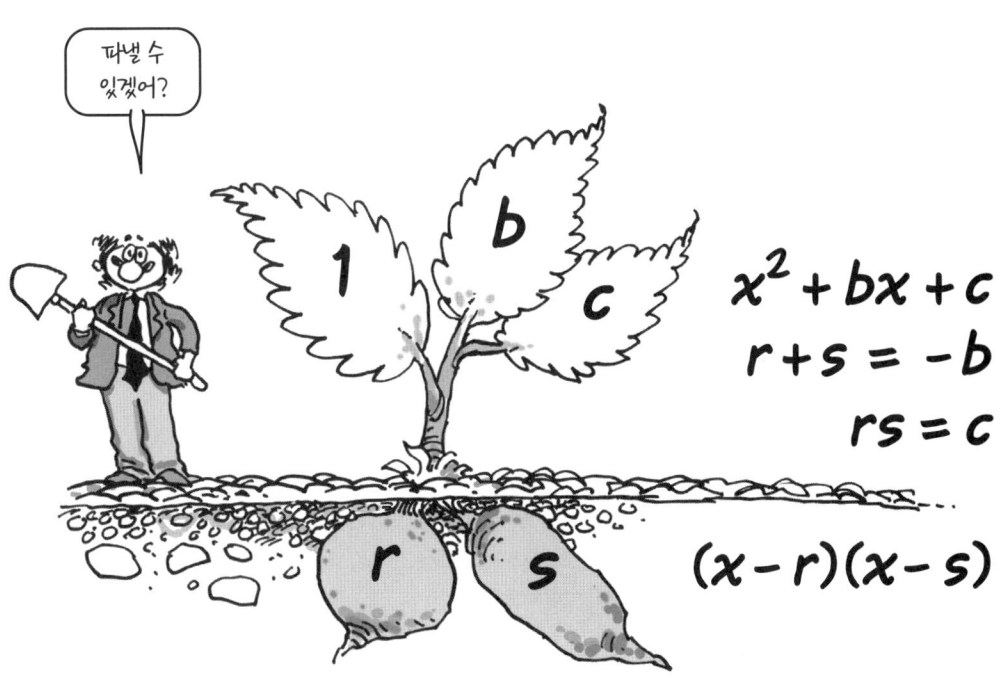

이 장의 마지막 문제로,
다음 방정식을 보자.

$$(x-3)(x+3)$$

근은 3과 -3, 또는 ±3이다.
이 식을 전개하면 x^2-9이고,
근은 방정식 $x^2-9=0$ 또는

$$x^2 = 9$$

의 해이다. 근 ±3의 제곱수는 9이다.
이 때 근 ±3을 9의 **제곱근**이라 한다.

이제 스스로에게 물어보자.
이 식의 근은 어떤 수일까?

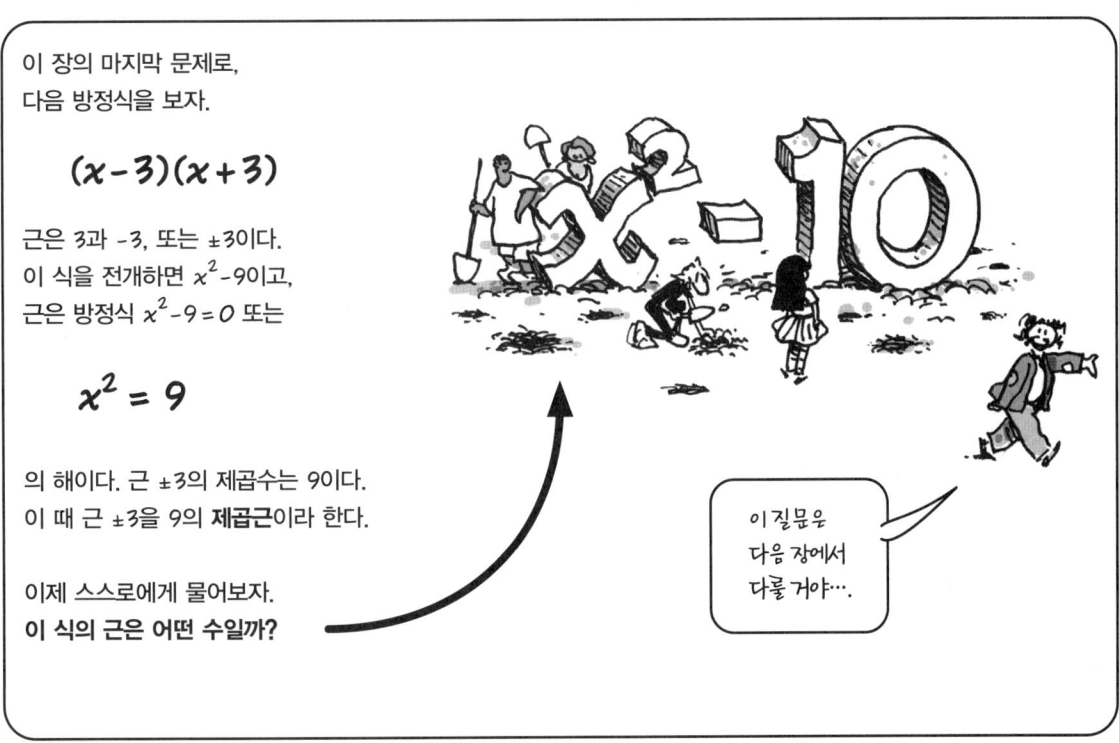

연습문제

1. $(a+b)(c+d)$를 그림으로 나타낸 180쪽의 직사각형에서, $a(c+d)$, $b(c+d)$, $(a+b)c$ 에 해당하는 부분을 각각 색칠하라.

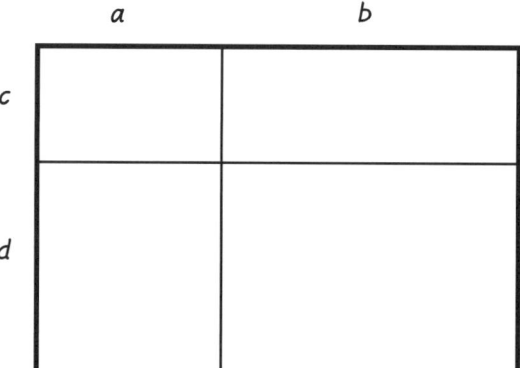

2. 다음 식을 전개하라.

   a. $(a+2)(b+3)$
   b. $x(x+5)$
   c. $3x(2x-3)$
   d. $(t-4)(t+4)$
   e. $(x-7)^2$
   f. $(7p-4)(2p-3)$
   g. $(3-x)(2-x)$
   h. $(x-5)(x+3)$
   i. $(t+3)^2$
   j. $(2x+3)(4x-5)$
   k. $7(p-1)(2p+5)$

3. 빠른 방법으로 계산하라.   **a.** 12×14 **b.** 13×17

4. 다음 곱셈을 사각형 그림으로 나타내고, 그 값을 구하라.

   a. $999 \times 1{,}001$ **d.** 25×35
   b. $995 \times 1{,}005$ **e.** 0.95×1.05
   c. 18×22 **f.** $9{,}999{,}000 \times 10{,}001{,}000$

5. 다음 각 식의 근을 구하라.

   a. $(x-2)(x-5)$ **e.** $(x-1)^2$
   b. $(x-2)(x+5)$ **f.** $(x+6)^2$
   c. $(x+3)(x+1)$ **g.** $(x-1)(x+3)(x-5)$
   d. $(x+r)(x+s)$

6a. 3이 $x^2-8x+15$의 근임을 보여라.

  b. -7이 $2x^2+17x+21$의 근임을 보여라.

7. $x^2-2000x+1$의 두 근의 합은?

8. $x^2+3x-17{,}458$의 두 근의 곱은?

9.

   a. $(p^2+q)(4+q)$ **f.** $(t+3)^3$ **k.** $(x-1)^3$
   b. $(a^2-b)(a^2+b)$ **g.** $(2x+1)^2$ **l.** $(x-1)(x^2+x+1)$
   c. $(t+1)(t^2-t+1)$ **h.** $(3x-5)^2$ **m.** $(x-1)(x^3+x^2+x+1)$
   d. $(x+1)(\frac{x}{2}+\frac{2}{3})$ **i.** $(ax+r)^2$ **n.** $(x+1)(x^4-x^3+x^2-x+1)$
   e. $(x-\frac{1}{2})^2$ **j.** $(x+1)^3$ **o.** $(x-r)(x^5+rx^4+r^2x^3+r^3x^2+r^4x+r^5)$

Chapter 14
제곱근

앞 장의 마지막에,
우리는 x^2-10의 근이 무엇인지 질문을 던졌다.
이 근은 $x^2-10=0$ 또는 아래의

$$x^2 = 10$$

의 해이다. 어떤 수를 제곱해야
10이 될까? 정확한 값을 아는
사람은 없다!
하지만 그것의 이름은
10의 제곱근이라 부르고,
오른쪽과 같이 표기한다.

기호 $\sqrt{}$ 는 근호라고 한다.
근호의 영어 표현인 radical sign의
radical은… 음… 뿌리를 뜻하는
라틴어에서 왔다.

* 뿌리를 보라.

먼저, 그런 숫자가 **있다**는 확신을 갖고
그림으로 나타내보자.

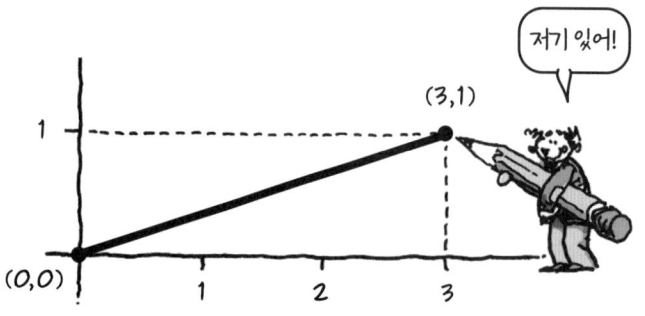

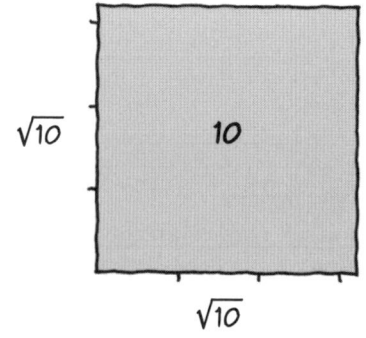

$\sqrt{10}$이란 숫자는 원점에서 점 (3, 1)까지의 거리이다.
이것은 피타고라스의 마법 같은 공식(178쪽 참조)에 의해
증명된다. r이 (0, 0)에서 (x, y)까지의 거리라면,

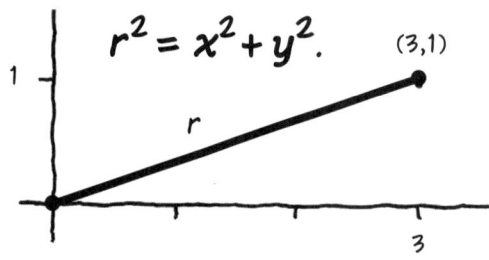

$$r^2 = x^2 + y^2.$$

여기서 $r^2 = 3^2 + 1^2 = 9 + 1 = 10$이니까

$$r = \sqrt{10}$$

주목: $\sqrt{10}$은
또한 면적이
10인 정사각형의
한 변의 길이다.

$\sqrt{10}$이란 수는 3.1622보다는 약간 크고,
3.1623보다는 약간 작다.

$$3.1622^2 = 9.99950884$$
$$3.1623^2 = 10.00014129$$

컴퓨터로 $\sqrt{10}$을 소수점 이하
14자리까지 계산하면 다음과 같다.

$$3.162\ 277\ 660\ 168\ 38$$

하지만 이것조차도 길다고 할 수 없다.
$\sqrt{10}$은 무리수이기 때문에,
소수점 이하의 자리가
끝없이 계속되는 수이다.

콤파스를 이용해서 원점을 중심으로 이 선분을 x축으로
돌리면, 3을 조금 넘은 지점에 $\sqrt{10}$이 있다는 것을 알 수 있다.

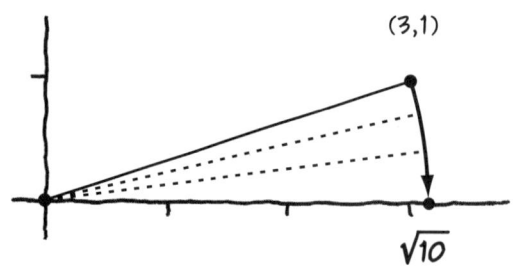

아래 표는 제곱근 값들이다.
이것 모두를 외울 필요는 없다!!!

n	$\sqrt{n}$
1	1
2	1.41421356...
3	1.73205080...
4	2
5	2.23606797...
6	2.44948974...
7	2.645751311...
8	2.82842712...
9	3
10	3.16227766...
11	3.31662479...
12	3.46410161...
13	3.60555127...
14	3.74165738...
15	3.87298334...
16	4

다른 제곱근

3×3 = 9처럼 양수의 제곱은 분명 양수이다. 음수의 제곱도 역시 양수이다. (-3)(-3) = 9 그리고 $0^2 = 0$이다.
다시 말하면, **모든 제곱수는 음수가 아니다.**
음수는 실수의 제곱근을 갖지 못한다.

한편, 모든 **양수**는 **두 개**의 제곱근을 갖는다.
하나는 양수이고, 다른 하나는 음수이다.
9의 제곱근은 3과 -3이다.
$\sqrt{n}$ 은 항상 양의 제곱근(n = 0일 때는 0)을 말한다.
음의 제곱근은 $-\sqrt{n}$이라고 쓴다.

$$\sqrt{9} = 3 \quad -\sqrt{9} = -3$$

둘 다 9의 제곱근이다.

제곱근의 덧셈

두 제곱근을 더할 때, 근호 안의 수가 서로 다르면, 덧셈을 간단하게 할 수 있는 방법이 없는 경우가 많다. 다음 식들은 덧셈이 되지 않아서 그대로 둬야 한다.

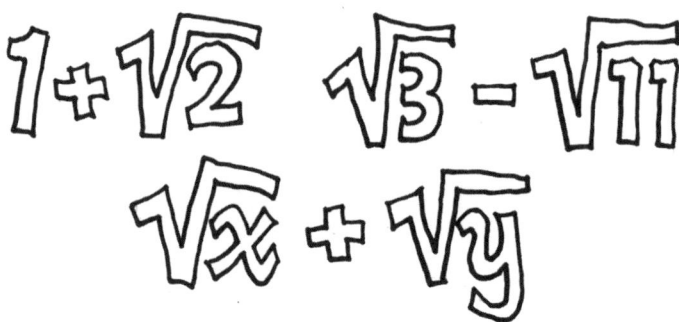

한편, 근호 안의 수가 **같은** 경우에는 다행히 덧셈이 된다!

$$\sqrt{3} + \sqrt{3} = 2\sqrt{3}$$
$$\sqrt{n} + \sqrt{n} = 2\sqrt{n}$$
$$a\sqrt{n} + b\sqrt{n} = (a+b)\sqrt{n}$$

이 덧셈은 분배법칙과 다를 바가 없다. 다만, 제곱근은 일반 수와는 다른 양(量)처럼 취급한다.

예제 1. $3\sqrt{15}+2\sqrt{3}+\sqrt{15}+4\sqrt{3}$ 을 간단히 하여라.

서로 같은 항들을 모아서, 식을 정리하면 다음과 같다.

$$3\sqrt{15} + \sqrt{15} + 2\sqrt{3} + 4\sqrt{3}$$
$$= (3+1)\sqrt{15} + (2+4)\sqrt{3}$$
$$= 4\sqrt{15} + 6\sqrt{3}$$

제곱근의 곱셈

제곱근의 곱셈은, 모두 양수일 경우에는 쉽다.

규칙은 간단하다. a와 b가 음이 아닌 임의의 수일 때, 제곱근의 곱은 곱의 제곱근이다.

$$\sqrt{ab} = \sqrt{a}\sqrt{b}$$

이 법칙은 127쪽에 있는 지수법칙의 세 번째 항인 $(xy)^2 = x^2y^2$에서 나온다. 곱 $\sqrt{a} \cdot \sqrt{b}$ 를 제곱하면,

$$(\sqrt{a}\sqrt{b})^2 = (\sqrt{a})^2(\sqrt{b})^2 = ab$$

좌변의 괄호 안의 것을 제곱하면, (음수가 아닌) ab가 되니까, 괄호 안의 것은 $\sqrt{ab}$이어야 한다.

$$\sqrt{a}\sqrt{b} = \sqrt{ab}$$

---

a, b가 모두 음(그래서 $ab > 0$)이면, $\sqrt{a}$ 나 $\sqrt{b}$ 모두 실수가 아니기 때문에 위의 규칙은 성립되지 않는다. 이런 경우에는,

$$\sqrt{ab} = \sqrt{-a}\sqrt{-b}$$

결론적으로, a와 b가 모두 양이거나 음이면,

$$\sqrt{ab} = \sqrt{|a|}\sqrt{|b|}$$

예제 2. $\sqrt{15} = \sqrt{5}\sqrt{3}$

예제 3. $\sqrt{12} = \sqrt{4}\sqrt{3} = 2\sqrt{3}$

제곱수는 근호 밖으로!

곱셈법칙에 따라, $\sqrt{a^2} = \sqrt{|a|}\sqrt{|a|} = (\sqrt{|a|})^2 = |a|$ 이다. 이 공식은 너무 멋져서 큰 글자로 쓸 거야.

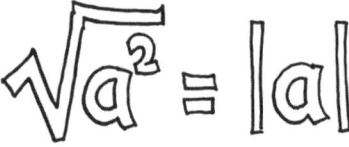

제곱수의 제곱을 해제하는 거야, 얘들아!

$a \geq 0$일 경우에는, 간단하게 다음 식을

이용해서, 근호 안에 있는 어떤 제곱수도 밖으로 끄집어낼 수 있다.
(이건 바로 제곱을 해제하는 것이다!)

다음 식의 근거도 역시 곱셈법칙이다.

$\sqrt{a^2 b} = \sqrt{a^2}\sqrt{b}$
$\qquad = |a|\sqrt{b}$

위 식을 이용하면 제곱수가 포함되어 있는 제곱근을 간단하게 정리할 수 있다.

예제 4. $\sqrt{63} = \sqrt{(9)(7)} = \sqrt{(3)^2(7)} = 3\sqrt{7}$

예제 5. $\sqrt{300} = \sqrt{(10)^2(3)} = 10\sqrt{3}$

예제 6. $\sqrt{3} + \sqrt{12} = \sqrt{3} + 2\sqrt{3} = 3\sqrt{3}$

예제 7. $\sqrt{2} + \sqrt{50} = \sqrt{2} + \sqrt{25 \cdot 2}$
$\qquad\qquad\quad = \sqrt{2} + 5\sqrt{2} = 6\sqrt{2}$

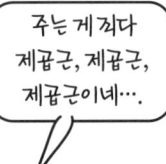

주는 게 죄다 제곱근, 제곱근, 제곱근이네….

제곱근의 몫

몫 또한 곱과 다를 바가 없다.
제곱근의 몫은 몫의 제곱근이다.

$$\sqrt{\frac{a}{b}} = \frac{\sqrt{a}}{\sqrt{b}}$$

(물론 $a \geq 0$, $b > 0$이라고 가정한다!)

위 식의 근거도 곱셈의 경우와 동일하다. (이건 놀랄 일이 아니다. 몫은 사실 곱이 변장한 모습일 뿐이기 때문이다.) 그래서 우변의 몫은,

$$\left(\frac{\sqrt{a}}{\sqrt{b}}\right)^2 = \frac{(\sqrt{a})^2}{(\sqrt{b})^2}$$

분수의 지수법칙에 의해

$$= \frac{a}{b}$$

그래서 몫 $\sqrt{a}/\sqrt{b}$는 a/b의 제곱근이다.

예제 8. $\sqrt{\dfrac{3}{4}} = \dfrac{\sqrt{3}}{\sqrt{4}} = \dfrac{\sqrt{3}}{2}$

예제 9. $\sqrt{\dfrac{1}{9}} = \dfrac{\sqrt{1}}{\sqrt{9}} = \dfrac{1}{3}$

예제 10. $\sqrt{\dfrac{1}{b}} = \dfrac{1}{\sqrt{b}}$

예제 11. $\sqrt{\dfrac{1}{a^2}} = \dfrac{1}{|a|}$

분자를 근호 밖으로!

여기에 쓸 만한 식이 하나 있다.
이번에는 놀라게 될 것이다.

이 식이 옳다는 것을 보기 위해서는 좌변에 $\sqrt{2}/\sqrt{2}$를 곱해주면 된다. $\sqrt{2}/\sqrt{2} = 1$이기 때문에, 이것을 곱해줘도 식의 값은 변하지 않는다. 결과적으로, 분모에서 근호만 사라질 뿐이다.

$$\frac{1}{\sqrt{2}} = \frac{1}{\sqrt{2}} \frac{\sqrt{2}}{\sqrt{2}}$$

$$= \frac{\sqrt{2}}{2}$$

근호 안에 어떤 양수나 식이 들어 있어도 이 방법을 써먹을 수 있다. 꼭 2일 필요가 없다.
다시 말해서, 분모에 있는 근호는 **언제든지** 제거할 수 있다!!

예제 12.

$$\frac{15}{\sqrt{x^2+y^2}} = \frac{15\sqrt{x^2+y^2}}{x^2+y^2}$$

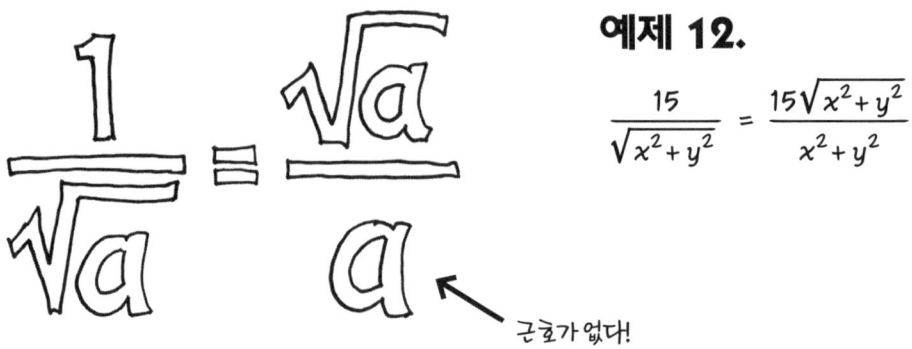

← 근호가 없다!

덧셈 항들의 곱셈

은 여러분이 생각하는 것보다는 간단하다.

> 좋아요, 난 훨씬 복잡한 생각을 하고 있었거든요….

예제 13. $(3+\sqrt{2})(5+4\sqrt{2})$를 계산하라. 앞에서 근호가 없는 덧셈 항들을 곱했을 때와 똑같이 곱하면 된다.

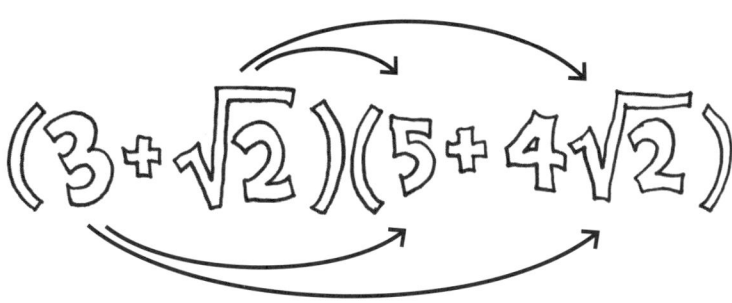

$(3+\sqrt{2})(5+4\sqrt{2})$

$= (3)(5) + 5\sqrt{2} + (3)(4)\sqrt{2} + 4\sqrt{2}\sqrt{2}$

$= 15 + 5\sqrt{2} + 12\sqrt{2} + 4(\sqrt{2})^2$

$= 15 + 17\sqrt{2} + (4)(2)$

$= 23 + 17\sqrt{2}$

> 기발하군!

> 또 한 번 놀랐어요!

처음 식의 4개 항이 2개 항으로 줄었다. 이건 $\sqrt{2}$에 $\sqrt{2}$가 곱해져서, 다시 말해 제곱되어서 2가 되었기 때문이다. 근호가 먼지처럼 사라지다니….

곱셈 $(a+\sqrt{b})(a-\sqrt{b})$는 결과가 어떻게 되나 보자.
이것은 $a^2-(\sqrt{b})^2$이고, 그래서,

근호가 또 사라지고 있어!

$$(a+\sqrt{b})(a-\sqrt{b}) = a^2 - b$$

예제 14a. $(5+\sqrt{23})(5-\sqrt{23}) = 25 - 23 = \mathbf{2}$

예제 14b. $(\sqrt{8}+\sqrt{7})(\sqrt{8}-\sqrt{7}) = 8 - 7 = \mathbf{1}$

위 식은 아주 유용하다.
분모가 다음 식처럼 근호와 다른 항이 결합된 형태인 경우, 위 식을 이용하면 근호를 제거할 수 있다.

$$\frac{1}{a+\sqrt{b}}$$

분모와 분자에 각각 $a-\sqrt{b}$를 곱하면 분모의 근호를 없앨 수 있다.

$$\frac{1}{a+\sqrt{b}} = \frac{1}{a+\sqrt{b}} \cdot \frac{a-\sqrt{b}}{a-\sqrt{b}}$$

$$= \frac{a-\sqrt{b}}{a^2-b}$$

예제 15. $\frac{1}{\sqrt{3}+\sqrt{2}}$을 간단히 하라.

풀이: 분모와 분자에 $\sqrt{3}-\sqrt{2}$를 곱한다.

$$\frac{1}{\sqrt{3}+\sqrt{2}} \cdot \frac{\sqrt{3}-\sqrt{2}}{\sqrt{3}-\sqrt{2}} = \frac{\sqrt{3}-\sqrt{2}}{(\sqrt{3})^2-(\sqrt{2})^2}$$

$$= \frac{\sqrt{3}-\sqrt{2}}{3-2} = \mathbf{\sqrt{3}-\sqrt{2}}$$

근호는 모두 위층으로 가져간다!!

지금까지 우리는 제곱근에 대해 공부해왔다.
현재 어디쯤 와 있는지 되돌아보자.

두 장 전에, 이차식과 근,
즉 식의 값을 0으로 만드는
x의 값에 대해 공부했다….
하지만 근을 찾는 방법은
신비의 베일 속에
남겨뒀었다.

이 장에서, 우리는 **제곱근**이라는 특별한 근을 보았고, 이들을 더하고 곱하고 나누는 방법을 배웠다.
제곱근이 특별한 이유는, 제곱근이 $x^2 = p$ 또는 $x^2 - p = 0$처럼 단순한 형태의 방정식을 만족시키기 때문이다.
$\sqrt{p}$는 이 방정식의 근이다.

다음 장에서는, 이차식의 근을
제곱근의 형태로 찾는 방법을 배울 것이다.
다시 말해, 근호를 이용하게 될 거라는 말이다!
계속 읽어보길…

연습문제

1. 다음 식을 덧셈, 뺄셈, 곱셈, 나눗셈을 하거나 근호 안의 제곱수를 밖으로 빼내서 간단히 하라.

a. $\sqrt{64}$
b. $\sqrt{9+16}$
c. $3\sqrt{7} + 4\sqrt{7}$
d. $4+\sqrt{3} - (2 - 3\sqrt{3})$
e. $(\sqrt{2})(2\sqrt{2})$
f. $\sqrt{\frac{1}{16}}$

g. $\frac{1}{\sqrt{2}} \cdot \frac{8}{\sqrt{2}}$
h. $\sqrt{5^3}$
i. $\sqrt{5^4}$
j. $(-\sqrt{2})(\sqrt{2})$
k. $(1+\sqrt{5})(1-\sqrt{5})$

l. $(\sqrt{3} + \sqrt{5})(1 + \sqrt{3})$
m. $\sqrt{\frac{4}{9}}$
n. $\sqrt{\frac{2}{9}}$
o. $\sqrt{(-4)(-4)}$

2. $\sqrt{3} \approx 1.73205081$, $3\sqrt{3} \approx 5.19615242$일 때,

$$\frac{5.19615242}{1.73205081}$$

의 근삿값은?

3. $\sqrt{6} + \sqrt{24} = \sqrt{54}$임을 보여라.

4. $\sqrt{8} + \sqrt{2} = 3\sqrt{2}$임을 보여라.

5. $15 = \sqrt{45 \times 5}$임을 보여라.

6. 길이가 $\sqrt{3}$인치인 직선을 그리는 방법을 설명하라.

7. $\sqrt{(m/n)} = \sqrt{|m|}/\sqrt{|n|}$이 성립함을 보여라.

8. 곱셈을 먼저 하지 말고 $\sqrt{16 \times 25}$의 값을 구하라. 16×25는?

9. $\sqrt{17} + \sqrt{68}$을 간단히 하라.

10. $P = \frac{\sqrt{5}-1}{2}$일 때, $P = \frac{1}{P+1}$임을 보여라.

11. $x^2 - 4$의 근은? $x^2 - 2$의 근은? $x^2 - 5$의 근은?

12. 다음 식의 분모에 있는 제곱근을 제거하라.

a. $\frac{1}{\sqrt{3}}$
b. $\frac{5}{\sqrt{5}}$
c. $\frac{\sqrt{2}}{1+\sqrt{2}}$
d. $\frac{2}{\sqrt{p+2} + \sqrt{p}}$
e. $\frac{1}{\sqrt{a} - \sqrt{b}}$

13a. $(x+\sqrt{2})^2$을 전개하라.
b. $(x+\sqrt{a})^2$을 전개하라.

14. $(x-\sqrt{a})^2$의 근은?

15. a, b, d, c가 정수이고, $n > 0$일 때, 다음 식이 성립함을 보여라.

$$(a+b\sqrt{n})(c+d\sqrt{n}) = p + q\sqrt{n}$$

여기서, p와 q도 정수이다.

16. $0 < a < 1$일 때, $a^2 < a$인 이유는? $\sqrt{a} > a$인 이유는?

17. 계산기를 사용해서 다음 식을 검산하라.

$$\frac{1}{\sqrt{3}+\sqrt{2}} = \sqrt{3} - \sqrt{2}$$

이 수를 소수점 이하 다섯 자리까지 나타내면?

18. a, b, c, d가 유리수이고, n이 양의 정수일 때, 다음 식이 성립함을 보여라.

$$\frac{a+b\sqrt{n}}{c+d\sqrt{n}} = p + q\sqrt{n}$$

여기서 p와 q는 모두 유리수이다.

Chapter 15
이차방정식의 풀이

우리는 **어떤** 이차방정식도 풀 수 있다. 정말 그래!
그런데 가끔은, 그렇지 않을 때도 있다….

앞에서 말했듯이, 다음 방정식에서

$$ax^2 + bx + c = 0$$

양변을 a로 나누는 것은 문제가 없다.
그래서 이 장에서는 우선 이런 방정식의 x^2의 계수를 1로 두고 풀어볼 것이다.

$$x^2 + bx + c = 0$$

인수분해에 의한 풀이

13장에서 보았듯이,
다음 방정식

$$(x-r)(x-s)=0$$

의 해는 r과 s이다. 이 두 수는
각각 두 인수 중 하나를 '0으로 만들기'
때문이다. 다음 식도 마찬가지다.

$$(x+p)(x+q)=0$$

똑같은 이유로,
위 식의 해는 $-p$, $-q$이다.

또한 우리는 $(x+p)(x+q) = x^2 + (p+q)x + pq$인 것도 안다. 지금 우리가 바라는 건,
주어진 식 x^2+bx+c를 '분해'해서, $(x+p)(x+q) = x^2+bx+c$가 되는
인수 $x+p$와 $x+q$를 찾는 것이다. 그게 가능하다면, 반드시 다음 식이 성립해야 된다.

예를 들어, 식 x^2+5x+6의 경우
더하면 5가 되고 **곱하면 6**이 되는
두 수가 있을까?

여러분은 이미 3과 2가 답이라는 사실을
알아차렸을 것이다.

$$3+2=5$$
$$3 \times 2 = 6$$

그래서 $(x+3)(x+2) = x^2+5x+6$이다.

일반적으로, 이차식 x^2+bx+c를 인수분해하려면, 곱이 상수항의 계수 c가 되고, 합이 일차항의 계수 b가 되는 두 수를 찾아야 한다. 바빌로니아의 문제가 아직 살아 있다!

예제 1. x^2+4x+3을 인수분해하라.

1단계: 3을 약수로 분해하는 모든 방법을 생각한다. 다행히 한 가지밖에 없다.

$$3 = 3 \times 1$$

2단계: 3의 약수인 두 수의 합을 구한다.

$$3 + 1 = 4$$

4가 x의 계수이기 때문에, 이 두 수로 인수분해가 된다.

$$x^2 + 4x + 3 = (x+1)(x+3)$$

위 식의 우변을 전개해서 쉽게 검산할 수 있다. x^2+4x+3의 근은 -1과 -3이다.

예제 2. $x^2+11x+24$를 인수분해하라.

1단계: 상수항인 24는 인수의 조합을 여러 개 가지고 있다.

$$\begin{aligned} 24 &= 1 \times 24 \\ &= 2 \times 12 \\ &= 3 \times 8 \quad \leftarrow \\ &= 4 \times 6 \end{aligned}$$

2단계: 합이 x의 계수인 11이 되는 두 수를 찾으면,

$$3 + 8 = 11$$

이 두 수로 인수분해가 된다. 주어진 식의 근은 -3과 -8이고,

$$x^2 + 11x + 24 = (x+3)(x+8)$$

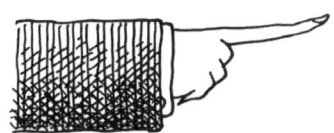 **먼저 c의 인수를 찾은 다음, 두 인수의 합을 확인하라.**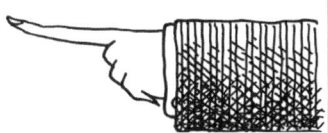

그런데 마이너스 부호와 플러스 부호에 신경을 써야 한다….

예제 3. x^2-x-6을 인수분해하라. 여기서는 상수항이 음수이다. 그래서 상수항은 **양**의 인수와 **음**의 인수의 곱이어야 한다.

1단계: -6의 인수들을 살펴본다.

$$\begin{aligned}-6 &= (1)(-6)\\ &= (2)(-3) \leftarrow\\ &= (3)(-2)\\ &= (6)(-1)\end{aligned}$$

2단계: 합이 x의 계수인 -1이 되는 숫자 쌍을 찾는다. 두 번째에 있는 2와 -3이 $2-3=-1$이니까, 여기에 해당된다.

$$x^2 - x - 6 = (x+2)(x-3)$$

예제 4. x^2+2x-8을 인수분해하라. 상수항인 -8이 음수이니까, 하나는 양수이고 하나는 음수인 인수를 생각해야 한다.

1단계: -8의 인수들을 살펴본다.

$$\begin{aligned}-8 &= (1)(-8)\\ &= (2)(-4)\\ &= (4)(-2) \leftarrow\\ &= (8)(-1)\end{aligned}$$

2단계: 합이 2가 되는 쌍을 찾는다. $4-2=2$이니까, 세 번째에 있는 4와 -2가 그런 수이다. 그래서

$$x^2 + 2x - 8 = (x+4)(x-2)$$

예제 5. $x^2-10x+24$를 인수분해하라. 여기서는 $c=24>0$이고, $b=-10<0$이다. 그래서 24의 인수는 둘 다 양수이거나 둘 다 음수이어야 한다. 하지만 두 양수의 합은 -10이 될 수 없으니까, 둘 다 음수가 되어야 한다.

1. 24를 음수인 인자들의 곱으로 나타낸다.

$$\begin{aligned}24 &= (-1)(-24)\\ &\ (-2)(-12)\\ &\ (-3)(-8)\\ &\ (-4)(-6)\end{aligned}$$

2. 두 인자의 합을 확인하면,

$$-4-6 = -10$$

이고, 인수분해는 아래와 같다.

$$x^2-10x+24 = (x-4)(x-6)$$

저런 식이면, 이번에도 또 음수가 나오겠구먼….

인수로 분해할 때 부호를 눈여겨보는 것이 정말 중요하다!
우리는 b와 c의 부호에 따라 어떤 결과가 나타나는지를 보여주는
'논리 나무'를 이용해서 p와 q의 부호를 정할 수 있다.

구체적으로 말하자면,

이것을 표로 요약하면 오른쪽과 같다.
여기서는 $|p|>|q|$라고 가정했다.
(즉, 둘 중 p의 절댓값이 더 크다.)

c	b	
+	+	$p, q > 0$
+	−	$p, q < 0$
−	+	$p > 0, q < 0$
−	−	$p < 0, q > 0$

205

예제 6. $x^2 + 2x - 6$을 인수분해하라.

1단계: 논리 나무로부터, $p > 0$이고 $q < 0$이니까…

$$-6 = (-1)(6)$$
$$= (-2)(3)$$

2단계: 합이 x의 계수인 2가 되는 쌍은 어느 것일까?

$$6 - 1 = 5$$
$$3 - 2 = 1$$

음… 없는데…

우리의 단계적 풀잇법이 막다른 골목에 다다랐다. 이제 **어떻게** 해야 하나?

이 문제를 푸는 방법은 적어도 두 가지가 있다. 바빌로니아 방식과 현대적인 대수학적 방법이다.

우리는 대수학적이라는 방법을 택할 것이고, 바빌로니아 방식은 여러분에게 연습문제로 남겨둘 것이다.

아주 특별한 방정식

옆길로 빠지는 것처럼 보이겠지만,
잠시 다음과 같은 방정식에 대해 생각해보기로 하자.

정말로, 앞에서는 이런 방정식을 **분명히** 본 적이 없다.
하지만 용감하게 부딪혀서 어떻게 하든 이 방정식을 풀어보기로 하자!

예제 7. 다음 방정식을 풀어라.

$$(x-3)^2 = 2$$

풀이: 단순히 양변의 제곱근을 취하면 된다!

$$x - 3 = \pm\sqrt{2}$$ 두 제곱근 모두 가능하다.

$$\boxed{x = 3 \pm \sqrt{2}}$$ 양변에 3을 더한다.

잘 봐! 이것은 사실 **두 개**의 해인데, 줄여서 쓴 것이다.
즉 다음의 두 값이 모두 방정식을 만족시킨다는 뜻이다.

 그리고

이 값들을 방정식에 대입해서 검산해보자.
$3+\sqrt{2}$의 경우,

$$((3+\sqrt{2}) - 3)^2 = 2 \quad \text{3을 소거}$$
$$(\sqrt{2})^2 = 2$$
$$2 = 2$$

$3-\sqrt{2}$는 여러분이 직접 대입해서 계산해보자.
위와 똑같은 결과가 나올 것이다.

이제 일반적인 방정식 $(x+B)^2 = D$에 앞의 방법을 적용해보자.

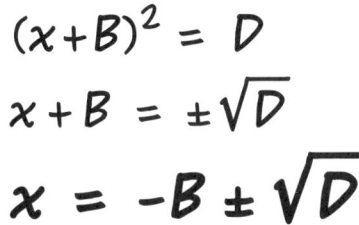

또다시 답은 두 개, $-B+\sqrt{D}$와 $-B-\sqrt{D}$이다.
이것을 방정식에 대입하면, 둘 다 해임을 확인할 수 있다.
$-B$항은 B와 상쇄되고, 제곱근(+이든 −이든)은 제곱되어 D가 된다.

아직 작은 허들이 하나 남았다…. 위의 식은 D가 **음수가 아닐 때에만** 성립한다. 그렇지 않은 경우에는,
음수의 제곱근을 취하는 꼴이 된다. 이건 음수*(부정)+아닌(부정)+그렇지 않은(부정) 경우이므로,
최종 결과는 부정이 되는 것이다.

예제 8. 방정식

$$(x+5)^2 = -6$$

은 적어도 실수 범위에서는 풀 수가 없다.
$x+5$가 $\sqrt{-6}$이어야 하기 때문이다.
근데 $\sqrt{-6}$은 어떤 수일까?

---

* 음수를 뜻하는 negative는 부정적이라는 뜻도 갖고 있다.

여러분은 무슨 이유로 이런 특별한 형태의 방정식을 푸는지 궁금할 것이다. 그것은 이차항의 계수가 1인 **모든 이차방정식**은 $(x+B)^2 = D$의 형태로 바꿀 수 있기 때문이다.
그렇다!
이것이 마지막 형태고, 마침표다.
이것은 바빌로니아의 기법인데,
이렇게 부른다…

정사각형의 완성

예제를 통해 알아보자. 인수분해를 할 수 없었던 예제 6을 다시 풀어보기로 하자.

예제 9. $x^2 + 2x - 6 = 0$을 풀어라.

우리의 계획은 이 식을 $(x+B)^2 = D$와 같은 형태로 바꾸는 것이다. 먼저 상수항을 우변으로 옮긴다. 이제 좌변에 있는 두 항은 인수 x를 갖고 있다.

$$x^2 + 2x = 6$$

$x^2 + 2x = x(x+2)$이기 때문에, 좌변을 두 변의 길이가 x와 $x+2$인 직사각형의 **면적**이라고 생각할 수 있다.

우리는 직사각형의 끝에 있는, x를 초과하는 부분을 이용해서 최상의 정사각형을 만들려고 한다.

먼저 초과된 부분을 **반**으로 자른다.
가로는 2의 반인 1이다.

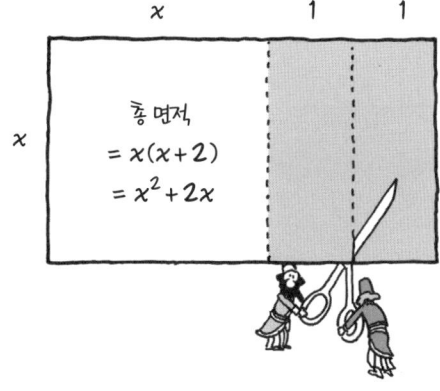

잘라낸 절반을 사각형의 다른 변으로 옮긴다.

이제 큰 정사각형이 되었지만, 한쪽 귀퉁이에
한 변이 1인 정사각형이 빠져 있다.

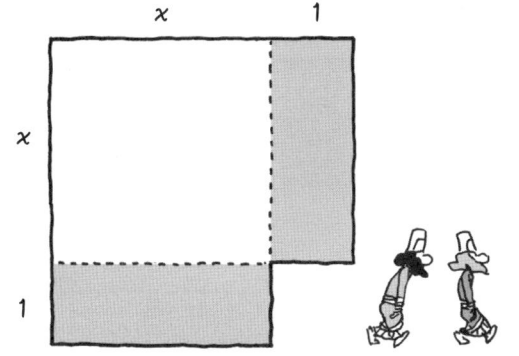

면적은 여전히 $x(x+2)$이다. 아직은….

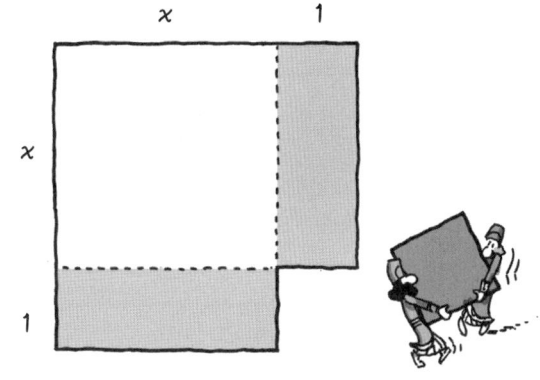

빈 귀퉁이를 채워서 **정사각형을 완성**한다.
면적은 $1 \times 1 = 1$이 더해졌다. 그래서 완성된 정사각형의 면적은
$(x+1)^2$이다.

$$x(x+2) + 1 = (x+1)^2$$

방정식의 좌변에 1을 더하면 제곱수가
된다. 균형을 유지하기 위해, 우변에도
1을 더해줘야 한다.

$$x^2 + 2x + 1 = 6 + 1$$
$$(x+1)^2 = 7$$

드디어 우리가 원하는 형태의 방정식이
됐다! 이 방정식의 해는

$$x = -1 \pm \sqrt{7}$$

이것을 원래 방정식에 대입해서 검산한다.
$(x+1)^2 = 7$에 대입하면 검산하기가
더 쉽다.

우리는 **어떤** 이차식도 제곱으로 만들 수가 있다.

앞에서처럼, 직사각형을 그린다. 면적은 $x(x+b) = x^2 + bx$이다.

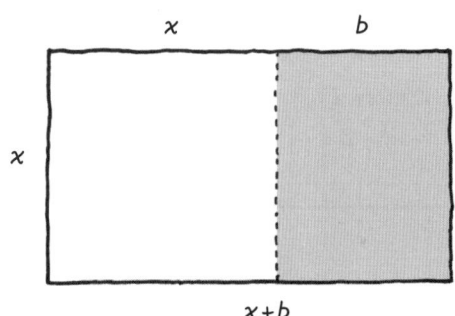

위 식은 x^2의 계수가 1이고, 상수항이 없다. 과정은 정확하게 똑같다.

폭이 $b/2$인 띠를 잘라내서, 다른 변으로 옮겨서, 한쪽 귀퉁이가 빠진 큰 정사각형을 만든다.

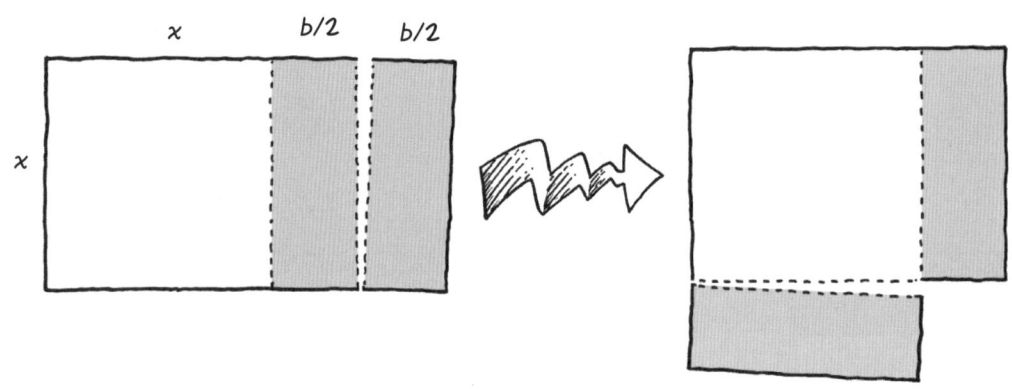

면적이 $(b/2)^2 = b^2/4$인 작은 정사각형을 더해주면, 원래의 면적 $x^2 + bx$는 $(x + b/2)^2$으로 '완성'된다.

즉 문자로는, **일차항의 계수의 절반의 제곱**인 $(b/2)^2$ 또는 $b^2/4$를 더해주면 제곱식이 완성된다.

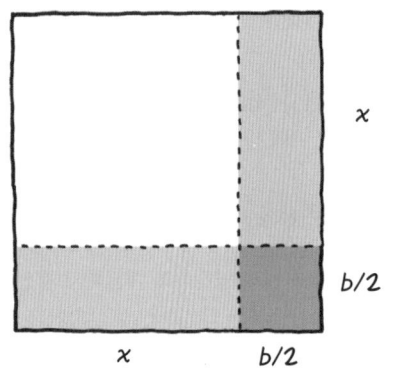

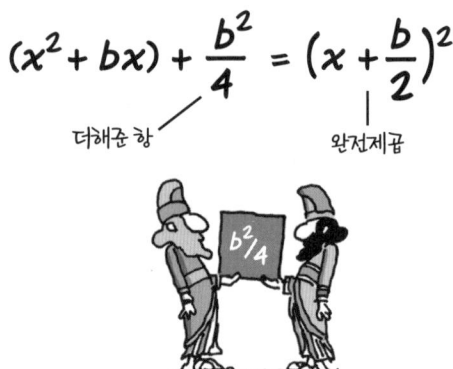

$$(x^2 + bx) + \frac{b^2}{4} = \left(x + \frac{b}{2}\right)^2$$

더해준 항 — 완전제곱

예제 10. x^2-12x를 완전제곱식으로 바꿔라.

풀이: 12의 반은 6이다. 6^2 또는 36을 더하면

$$x^2 - 12x + 36 = (x-6)^2$$

그림으로는, 아래의 직사각형에서 똑같은 단계를 밟아나가면 된다.

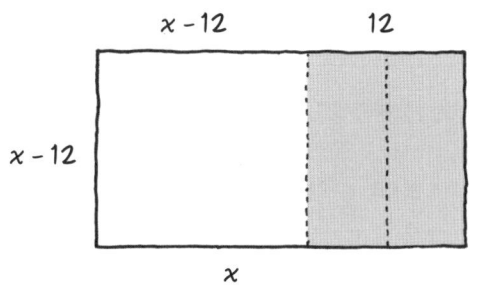

예제 11.

오른쪽의 방정식(x^2의 계수는 1)을 제곱식으로 완성하여 **풀기** 위해서,

$$x^2 - 6x + 4 = 0$$

1. 상수항을 우변으로 옮긴다.

$$x^2 - 6x = -4$$

2. 양변에 $b^2/4$를 더해서 제곱식을 완성한다. 여기서는 $36/4 = 9$이다.

$$x^2 - 6x + 9 = 9 - 4$$

3. 좌변을 제곱식으로 쓴다.

$$(x-3)^2 = 9 - 4$$

4. 예제 7과 9처럼 해를 구한다.

$$(x-3)^2 = 5$$

$$x - 3 = \pm\sqrt{5}$$

$$x = 3 \pm \sqrt{5}$$

앞 페이지의 예제 11에서처럼, 특정 숫자 대신 b, c를 써서 똑같이 4단계를 밟아나가면, **모든** 이차방정식을 풀 수 있다(우리가 풀 수 없는 것들은 제외하고…). 이것이,

이차방정식의 근의 공식이다.

요리법에 따라, 아래의 방정식을 풀어보자.

$$x^2 + bx + c = 0$$

1단계: 상수항을 옮긴다….

$$x^2 + bx = -c$$

2단계: 양변에 $b^2/4$를 더해서 제곱식을 완성한다.

$$x^2 + bx + \frac{b^2}{4} = \frac{b^2}{4} - c$$
$$= \frac{b^2 - 4c}{4}$$

3단계: 좌변을 제곱식으로 나타낸다.

$$\left(x + \frac{b}{2}\right)^2 = \frac{b^2 - 4c}{4}$$

4단계: 푼다!!

$$x + \frac{b}{2} = \pm\sqrt{\frac{b^2 - 4c}{4}} \quad \text{제곱근을 취한다}$$
$$= \pm\frac{\sqrt{b^2 - 4c}}{2} \quad \text{분모의 근호를 없앤다}$$

결론: 근은

(1) $$x = \frac{-b \pm \sqrt{b^2 - 4c}}{2}$$

어쨌든, $b^2 - 4c \geq 0$ 이어야 해….

$a \neq 1$이라면?

x^2의 계수가 1이 아니라면 어떻게 될까?
우리가… 다음과 같은 식을 만나면?

$$ax^2 + bx + c = 0$$

문제없다! 이 식은, 양변을 a로 나눈 다음의 식과 동일한 해를 갖는다.

$$x^2 + (b/a)x + (c/a) = 0$$

이제 x^2의 계수는 1이니까, 근의 공식 (1)을 써먹을 수 있다.
b 대신에 b/a, c 대신에 c/a를 대입하면 된다.
약간 정리(여러분이 해야 한다!)를 하면,
다음과 같은 결과가 된다.

$$(2) \quad x = \frac{-b \pm \sqrt{b^2 - 4ac}}{2a}$$

이것이 대수학을 공부하는 학생들이 대대로 외우는
이차방정식의 근의 공식이다….
그러니 여러분인들 예외가 될 수 있겠는가?

예제 12. $2x^2-5x+3=0$을 풀어라.

풀이: 아무런 생각 없이(그래서 근의 공식이 아름답다는 거야!) 계수들을 공식에 대입한다. 여기서는 $a=2, b=-5, c=3$이다. 그러면,

$$\frac{5 \pm \sqrt{5^2-(4)(3)(2)}}{(2)(2)} = \frac{5 \pm \sqrt{25-24}}{4}$$

$$= \frac{5}{4} \pm \frac{1}{4}$$

즉, $\frac{3}{2}$ 와 1

이 근들을 다시 이차방정식에 대입하여 계산해서 확인을 해야 한다. 그래야 되겠지?

사실은, 아니다!!
이차식의 경우, 더 빠른 방법이 있다. r과 s가 이차방정식 ax^2+bx+c의 근인지 확인하려면, 다음 식이 성립하는지 확인하면 충분하다.

$r+s = -\dfrac{b}{a}$ 그리고
$rs = \dfrac{c}{a}$

왜 그럴까? 그래, r과 s가 $(x-r)(x-s)$의 근이 확실하니까…
전개하면 다음처럼 된다.

$$(x-r)(x-s) = x^2 - (r+s)x + rs$$

그래서… r과 s가 '바빌로니아 방정식'인
$r+s = -b/a$와 $rs = c/a$를 만족시키면,

$$(x-r)(x-s) = x^2 + \frac{b}{a}x + \frac{c}{a}$$

가 된다. 즉 r과 s는 다음 식의 근이고

$$x^2 + \frac{b}{a}x + \frac{c}{a}$$

또한 다음 식의 근이다.

$$ax^2 + bx + c$$

이 말은 원래의 방정식이 다음처럼 인수분해된다는 뜻이다.

$$ax^2 + bx + c = a(x-r)(x-s)$$

예제 12의 답을 이 방법으로 검산해보자. 두 근의 합은
$-(-5)/2 = 5/2$가 되어야 하고, 두 근의 곱은 $3/2$이 되어야 한다.
실제로,

$$\frac{3}{2} + 1 = \frac{5}{2} \qquad \left(\frac{3}{2}\right) \cdot 1 = \frac{3}{2} \quad \text{확인!}$$

그래서 원래의 식이 다음과 같이
인수분해될 수 있다.

$$2\left(x - \frac{3}{2}\right)(x-1) = (2x-3)(x-1)$$

판별식

근의 공식에 포함된 제곱근 항 $\sqrt{b^2-4ac}$에 해결이 곤란한 문제가 하나 있다. 즉 근호 안의 것이 음이 될 수도 있다!

근호 안의 b^2-4ac는 **판별식**이라고 한다. 그 부호가 방정식의 근이 실수인지, 아닌지를 **판별**하기 때문이다.

$b^2-4ac = -3 < 0$

$b^2-4ac = 40 > 0$

$b^2-4ac > 0$인 때에는, 만사쾌청이다. 근의 공식은 두 개의 실근이 되고, 우리는 안도의 한숨을 쉴 수가 있다….

$b^2-4ac = 0$인 때에는, '두 개'의 근이

$$-b/2a + 0 \text{ 그리고 } -b/2a - 0$$

이다. 다시 말해, '두' 근은 $-b/2a$이고, 원래 방정식은 다음처럼 인수분해된다.

$$a(x + \frac{b}{2a})^2$$

이런 근을 이렇게 부른다.

예제 13. 중근

$4x^2 - 12x + 9$의 근을 구하라.

풀이: 근의 공식을 적용하기 위해, 먼저 판별식을 계산한다.

$$b^2 - 4ac = (-12)^2 - (4)(4)(9)$$
$$= 144 - 144 = 0$$

'두' 근은 모두 $-b/2a = 12/8 = 3/2$이고, 원래 방정식에서 다음과 같음을 쉽게 확인할 수 있다.

$$4\left(x - \frac{3}{2}\right)^2 = (2x - 3)^2$$

판별식은 다음과 같은 정보를 우리에게 준다.

$b^2 - 4ac > 0$ 두개의 실근

$b^2 - 4ac = 0$ 중근, 완전제곱식

$b^2 - 4ac < 0$ 실근이 없다

실근이 없는 경우에는 어떻게 해야 할까? 그냥 포기하고 그만둬야 하나?

허수인 제곱근?

판별식이 음일 때 멈추지 않는다면 어떻게 해야 할까? 아무런 문제가 없는 것처럼 계속 풀고 있어야 할까? 이것은 16세기 몇몇 이탈리아 수학자들이 고민했던 문제다. 그리고 결과는… 음…, 아주 좋았다!

예제 8로 돌아가서, 방정식 $(x+5)^2 = -6$ 또는 $x^2+10x+31=0$에서 $\sqrt{-6}$을 만났었다. 그래서 거기서 멈췄지…. 하지만 이제 $\sqrt{-6}$이 어떤 수인 것처럼 대수학 기계를 계속 돌려보자.
(여기서는 $b=10$, $c=31$이다.)

'해'는

$$r = -5 - \sqrt{-6}, \; s = -5 + \sqrt{-6}$$

그리고 다음처럼 쉽게 검산할 수 있다.

$$r + s = -10 = -b$$
$$rs = (-5)^2 - (\sqrt{-6})^2$$
$$= 25 - (-6))$$
$$= 31 = c$$

다시 말해서, 이 근들은 마치 실수처럼 행동한다. 다만, 이 수의 **의미**를 모를 뿐이다!

이제 수의 가족들은 **새로운 수** $\sqrt{-1}$을 입양해야 한다. 이 수를 허수라고 하며 **imaginary**(가상)의 첫 글자를 따서 i라고 표시한다. 이 수는 $i^2 = -1$이라는 성질을 갖는다.
이것 외에, i는 일반적인 덧셈, 곱셈의 법칙을 그대로 따른다. 예를 들어,

$$\sqrt{-9} = \sqrt{-1}\sqrt{9} = 3i$$
$$4i + 2i = 6i$$
$$(1+i)(3+2i)$$
$$= 3 + (2+3)i + 2i^2$$
$$= 3 + (2+3)i - 2$$
$$= 1 + 5i$$
$$\frac{1}{a+bi} = \frac{a-bi}{(a+bi)(a-bi)} = \frac{a-bi}{a^2+b^2}$$

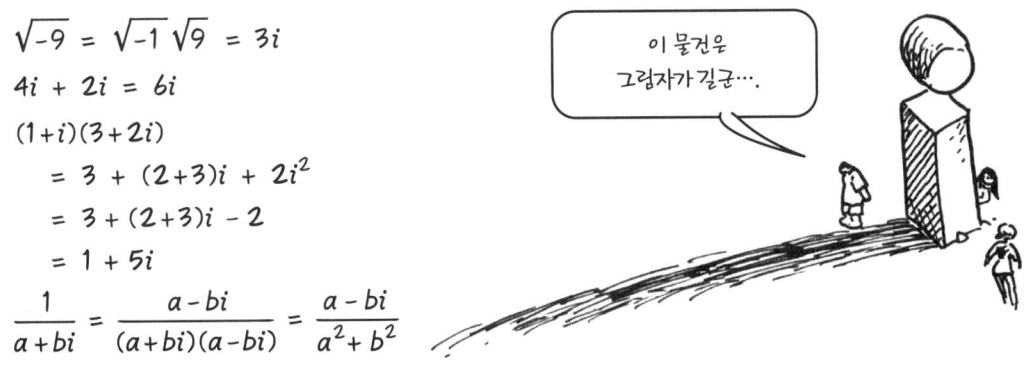

이 수는 굉장히 쓸모가 많은 것으로 밝혀졌다. 그래서 현대 수학의 핵심적인 부분이 되고 있다.
i는 직선 위의 점이 아니라, 평면 상의 점으로 취급될 때가 많다. 그리고 i를 곱해주면 원점을 중심으로 90° 회전하는 것으로 취급한다.

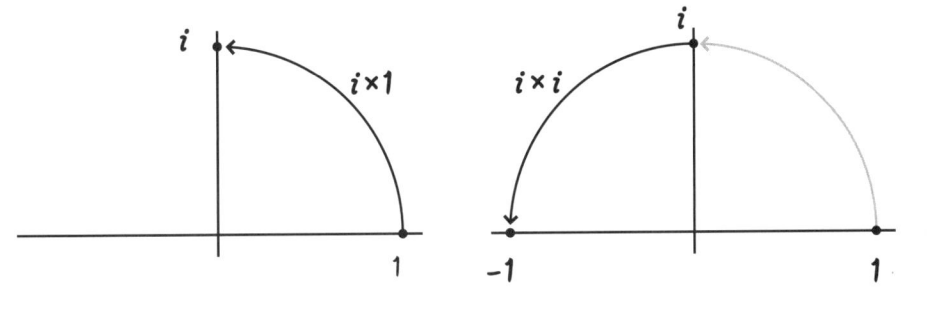

$4+7i$, $2.7186-98.10107i$처럼 실수와 '허수'가 결합된 수를 **복소수**라고 한다. 그리고 믿든 말든, 약간 이상하게 들리겠지만, 현실 세계는 복소수로 가장 잘 기술될 수 있다.
어쨌든, 이게 내가 이 책에서 복소수에 대해 할 수 있는 전부다!!

연습문제

1. 인수분해를 하라.

a. x^2+4x+3
b. x^2+4x+4
c. $x^2-2x-24$
d. $x^2+8x+15$
e. $x^2-7x+12$
f. $x^2+2x-224$
g. $x^2-x-380$

2. 다음 식을 인수분해하여 풀고, 검산하라.

a. $x^2-4x+3=0$
b. $x^2+15x+26=0$
c. $x^2+x-6=0$
d. $x^2-4x-5=0$
e. $x^2+9x+20=0$

3. 다음 식을 완전제곱식으로 바꿔라.

a. x^2-4x
b. x^2-6x
c. x^2+x
d. x^2+9x
e. $x^2-4\sqrt{5}x$

4. 판별식을 구하라. 완전제곱식인 것은? 상수가 곱해진 완전제곱식인 것은? 실근을 갖지 않는 식은?

a. x^2+4x+3
b. $2x^2+8x+8$
c. x^2+x-6
d. $3x^2-4x+5$
e. $x^2+9x+20$
f. $x^2+10x+25$
g. $x^2+\frac{7}{2}x+25$

5. 다음 식을 완전제곱식으로 만들어서 풀어라. (필요할 경우 양변을 x^2의 계수로 나눌 것.)

a. $3x^2+9x-1=0$
b. $x^2-7x+12=0$
c. $x^2-x-100=0$
d. $9x^2+10x+1=0$
e. $x^2-\sqrt{3}x-\frac{3}{2}=0$

6. 다음을 증명하라. ($i^2=-1$)

$$\frac{1+i}{1-i}=i$$

7. 54가 다음 식의 근이 아님을 보여라.

$$x^2-73x+1{,}027$$

54를 식에 대입해서 풀어서는 안 된다.

8. 근의 공식에 의해 주어진 다음 두 근

$$r=\frac{-b+\sqrt{b^2-4ac}}{2a} \quad s=\frac{-b-\sqrt{b^2-4ac}}{2a}$$

의 합이 $-b/a$이고, 곱이 c/a임을 보여라.

9. 고대 이래로, 두 양수 p와 q는 아래와 같은 **황금분할비**를 갖는 것으로 알려져왔다.

$$\frac{p}{q}=\frac{q}{p+q}$$

즉 큰 수에 대한 작은 수의 비는 두 수의 합에 대한 큰 수의 비와 같다. 그리스인들은 두 변의 길이가 황금분할비인 직사각형을 가장 아름다운 **황금 직사각형**이라고 믿었다.

a. p, q가 황금분할비이면 ($p<q$), 아래 식이 성립함을 보여라.

$$\frac{q-p}{p}=\frac{p}{q}$$

다시 말해, 황금 직사각형에서 정사각형을 잘라내면, 남은 직사각형도 황금 직사각형이다!

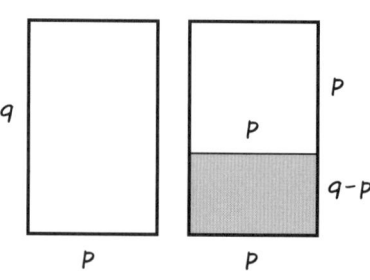

b. $p=1$일 때, q의 값을 구하라. (힌트: q에 관한 이차방정식을 만들 것.)

10. '바빌로니아 문제'를 직접 풀어보라. 즉 임의의 두 수 b, c에 대해 다음 식을 만족하는 r과 s를 구하라.

$$r + s = b$$
$$rs = c$$

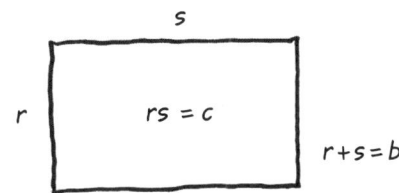

1단계. 두 변이 r과 s이고 면적이 $rs = c$인 직사각형에서 시작한다. $p = (s-r)/2$라 하자. 한 변에서 길이 p인 띠를 잘라낸 다음 다른 변에 붙여서 '귀퉁이가 빈 정사각형'을 만든다. 면적은 여전히 c이고, 긴 변의 길이는 $r+p$ 또는 $s-p$이다.

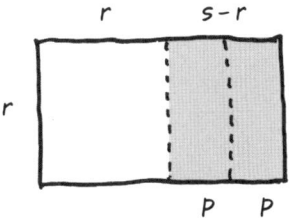

2단계. 빠져 있는 조각은 한 변의 길이가 p인 정사각형임을 확인한다.

3단계. (가장 중요!) 다음 식이 성립함을 보인다.

$$r + p = s - p = \frac{r+s}{2} = \frac{b}{2}$$

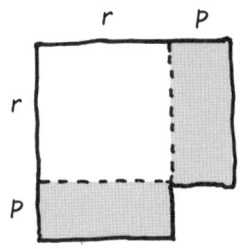

4단계. 다음 결과를 얻는다.

$$\left(\frac{b}{2}\right)^2 = c + p^2$$

5단계. p를 b와 c에 관한 식으로 정리한다.

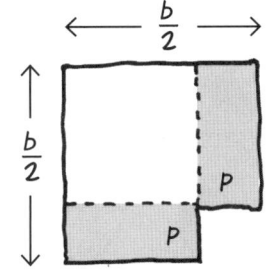

$$\frac{b^2}{4} - p^2 = c$$

6단계. 3단계로부터,

$$r = \frac{b}{2} - p$$
$$s = \frac{b}{2} + p$$

7단계. 마지막으로 r과 s를 b와 c로 나타낸다. 낯설지 않지?

11. $x^2 + bx + c$가 제곱식이면, $cx^2 + bx + 1$도 제곱식임을 보여라.

12. 방정식 $(x+B)^2 = D$의 판별식을 구하라.

13. 바빌로니아 문제를 순수하게 대수학적으로 풀어라. r과 s를 다음과 같이 새로운 변수 p와 q로 대체한다.

$$r = p + q \qquad s = p - q$$

그러면 원래의 방정식은 다음과 같은 식이 된다.

$$2p = b \qquad p^2 - q^2 = c$$

위 식에서 p와 q를 구한 다음, p와 q로부터 r과 s를 구하라.

Chapter 16
다음은?

이 책에서, 우리는 대수학의 기본 도구들을 배우고 익혔다.

수와 연산에서 출발해서, 변수의 개념을 배웠고…

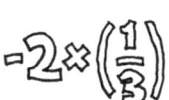

변수와 수를 결합해서 공부의 소재인 대수식을 만들었다.

그리고 계산법칙들을 이용하여, 수식의 값을 그대로 유지하면서 그 형태를 바꾸는 방법을 배웠다.

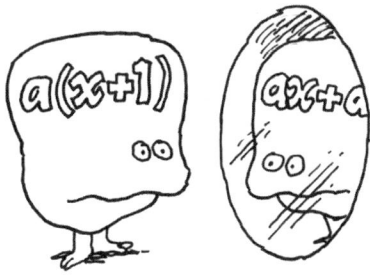

여기다가 재균형, 항의 결합 등의 기법을 써서 대수방정식의 해를 구할 수 있게 되었다.

우리는 방정식의 그래프를 그렸고, 변수가 두 개인 연립방정식을 풀었다.

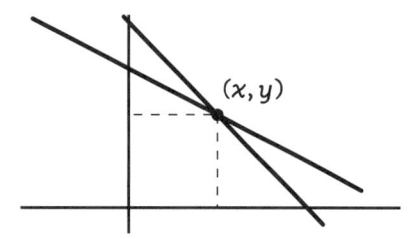

그리고 분모에 변수가 들어가는 식을 이용해서 비례, 비율과 평균을 공부했다.

$$r = \frac{v - v_0}{t - t_0}$$

마지막으로 우리는 제곱수, 제곱근과 이차방정식을 살펴보았다.

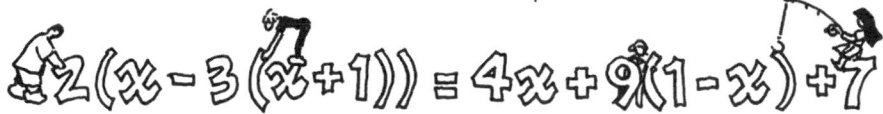

그래서…

아직도 말할 것이 남아 있을까?

먼저, 실제로 대수학은 컴퓨터그래픽에서부터 화폐도안, 건축, 엔지니어링, (TV, 라디오, 음악의) 신호 처리를 비롯한 다양한 분야에서 응용되고 있다는 말을 하고 싶다.

수학에는 여전히 배워야 할 분야가 많고, 어느 분야를 공부하든 대수학에 대한 튼튼한 기초가 필요하다.

그리고 대수학도, 아직 많이 남아 있어!

첫째로는, 일차방정식의 그래프를 그렸듯이 이차방정식도 그래프를 그릴 수 있다.

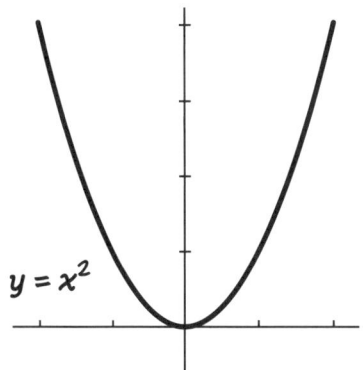

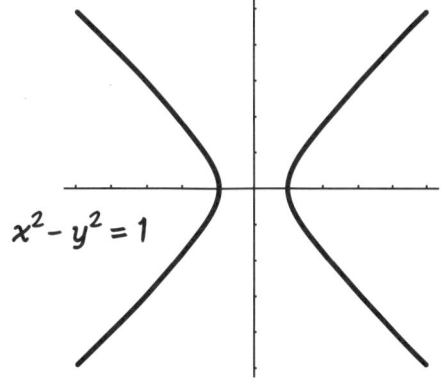

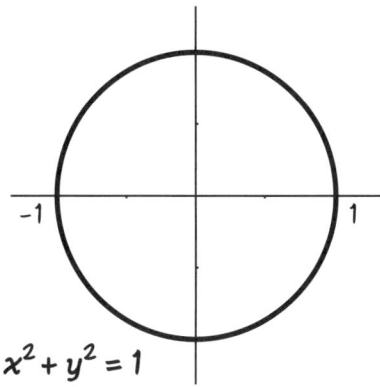

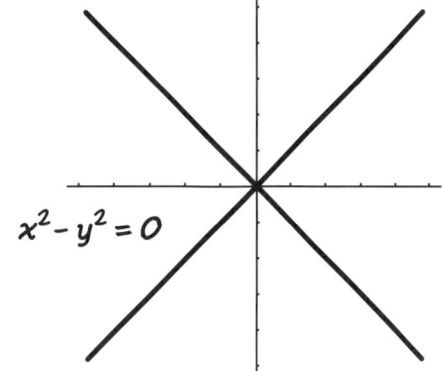

대수학은 또한 여러 차수의 **다항식**도 다룬다.
(다항식은 다른 차수의 많은 항을 더한 식이다.)
다항식과 그 그래프로부터 배울 것이 많다!

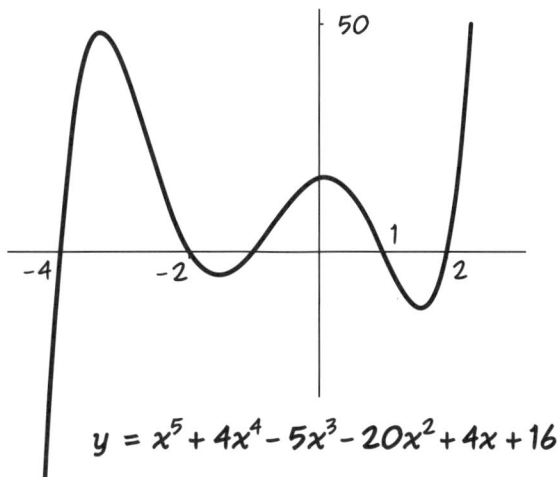

이항식($a+b$처럼 항이 두 개인 식)조차도 좀 더 공부할 필요가 있다. $(a+b)^n$처럼 지수를 올리면, 그 계수들이 아름다운 **파스칼의 삼각형**을 이루게 된다. 삼각형 내의 각 수는 바로 위에 있는 두 수의 합이다.

```
                    1
                  1   1
                1   2   1
              1   3   3   1
            1   4   6   4   1
          1   5  10  10   5   1
        1   6  15  20  15   6   1
      1   7  21  35  35  21   7   1
    1   8  28  56  70  56  28   8   1
  1   9  36  84 126 126  84  36   9   1
1  10  45 120 210 252 210 120  45  10   1
1 11  55 165 330 462 462 330 165  55  11  1
                   ...
```

크리스마스트리 같아!

그래, 일단 포장을 벗기는 법을 알면, 좋은 것들이 가득 담긴 선물을 갖게 될 거야!

$(a+b)^2 = a^2 + 2ab + b^2$

$(a+b)^3 = a^3 + 3a^2b + 3ab^2 + b^3$

$(a+b)^4 = a^4 + 4a^3b + 6a^2b^2 + 4ab^3 + b^4$

$(a+b)^5 = a^5 + 5a^4b + 10a^3b^2 + 10a^2b^3 + 5ab^4 + b^5$

등등...

파스칼의 삼각형은 **확률**의 법칙을 비롯한 많은 분야에서 핵심적인 역할을 한다.

확률? 내가 발명한 거야!

물론, 파스칼이지!

수열

대수학은 **수열**에도 쓰인다.
수열은 수들이 어떤 규칙에 따라 나열된 것이고,
등차수열은 어떤 수를 계속 더해서
이루어지는 수열이다.

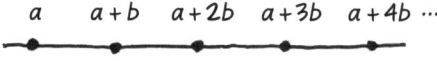

등비수열은 어떤 수를 계속 곱해나가는
수열이다.

$a, ar, ar^2, ar^3, \ldots$

예를 들어 $a = 1$이고 $r = \frac{1}{2}$이면,

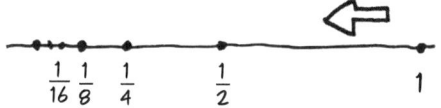

무한급수

무한급수는 수열의 합들로 이루어진 수열이다.
대수학은 다음과 같은 멋진 공식을 제공한다.

$$1+2+3+\cdots+n = \frac{n(n+1)}{2}$$

$$1+r+r^2+\cdots+r^n = \frac{r^{n+1}-1}{r-1}$$

한편, 위의 두 번째 식에서, $r = 2$인 경우에는
다음처럼 재미있는 결과가 된다.

$$1+2+2^2+\cdots+2^n = 2^{n+1}-1$$

선형

선형대수학은 차수가 1보다 높지 않은 많은 변수들로 이루어진 식을 다룬다.
이것은 **고차원의 공간** 속에 있는 **평면**에 대한 수학이다.
컴퓨터그래픽은 모두 선형대수학에 기반을 두고 있다.

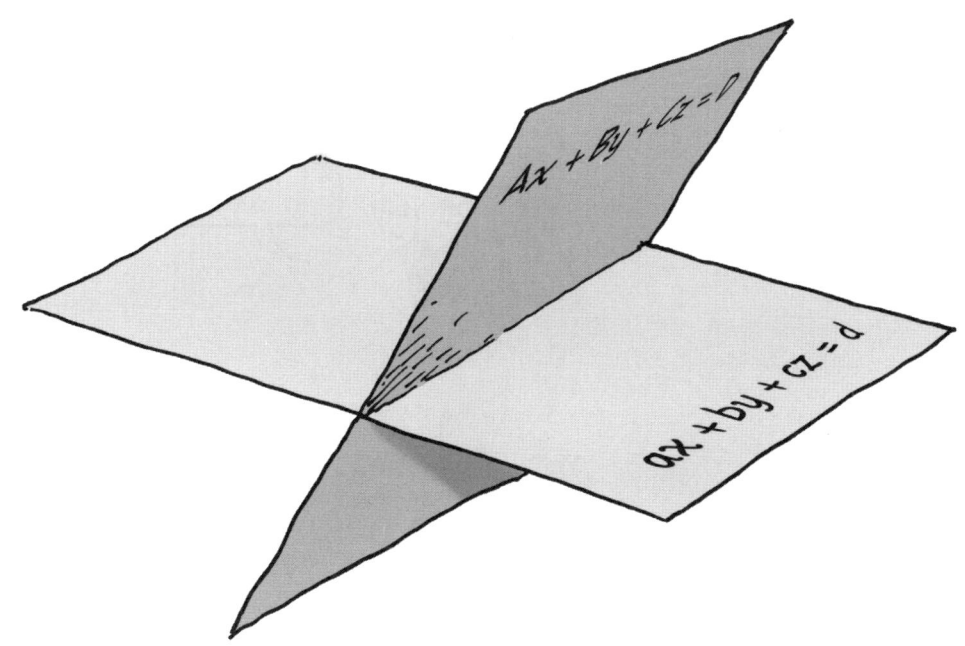

이 외에도 **군 이론**과 **장 이론**처럼, 강력하지만 차원이 높고 아주 추상적인 대수학도 있다. 여러분도 이제 감이 잡힐 것이다. 정말 공부할 게 많아.

하지만 아무리 차원이 높은 분야일지라도
그 토대는 기본 대수학이며,
여러분들이 이 책에서 배운 것이 바로
기본 대수학이다!

~ 끝 ~

엄선한 연습문제 풀이

Chapter 1, 본문 20쪽

1b. 93 **1c.** 1.5632 **1f.** 0.342 **1g.** 1.99996164
1i. 250 **2c.** 3.91666666… **2d.** 0.375 **2f.** 0.363636…
2g. 0.1764 7058 8235 2941 1764 7058 8235 2941 1764 7058 8235 2941 … **2i.** 0.47
3. $3.91\dot{6}$ $0.3\dot{6}$ $0.\dot{1}7647058823529\dot{4}\dot{1}$ **4a.** $1\frac{1}{5}$ **4b.** $3\frac{2}{15}$ **5.** $\frac{3,514}{1,000}$

6.

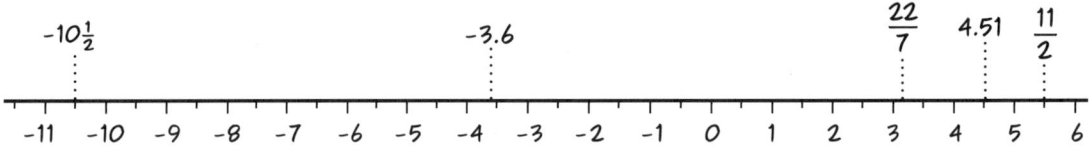

7b. 2 **7c.** -2 **7f.** $\frac{1}{2}$ **7h.** $-22/7$
8. 마이너스 부호의 개수가 짝수이면 식의 값은 2, 홀수이면 -2이다.

Chapter 2, 본문 30쪽

1a. 4 **1d.** -1.1 **1f.** $-\frac{1}{6}$ **2b.** 19 **2d.** -12 **2f.** -2 **2g.** $-\frac{1}{48}$ **2i.** 98
4b. 음 **4c.** 음 **6.** (-13)달러 **7b.** $-5-(-3)=-2$ **7c.** 16달러

Chapter 3, 본문 42쪽

1a. -27 **1c.** -24 **1f.** $\frac{1}{4}$ **1h.** 2 **1i.** 0 **2b.** 5 **2c.** 0
3. $-\frac{1}{3}$의 역수는 -3. 0은 역수가 없다. **4.** 50
6b. $\frac{1}{3}$은 1 위에 있다.
7. 3/2은 1 위에 있다.

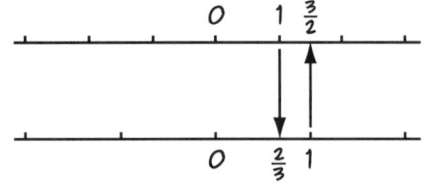

8.

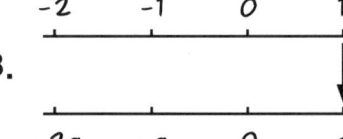

9.

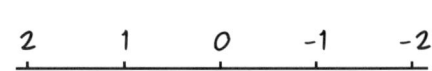

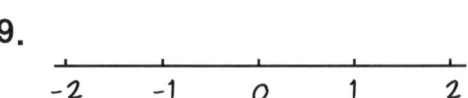

Chapter 4, 본문 66쪽

1a. 7 **1b.** 8 **1d.** 0 **1e.** 4 **1f.** $-\frac{1}{2}$ **1h.** 3 **1j.** 50 **2b.** -1 **2d.** 0
3a. 9 **3c.** $10a - 10$ 또는 $10(a-1)$ **4a.** $2x + 9$ **4d.** $13x + 9$ **4f.** $5a - 3at$

5. 세일가격은 $0.85P$

6. 세 번째, 네 번째 줄의 경우

7. 교환법칙과 결합법칙은 성립한다. 그러나 분배법칙은 성립하지 않는다.

$(3 \times 2) \times 4 = 3 \times (2 \times 4)$
$(4 \times 2) \times 5 = 4 \times (2 \times 5)$

8. 교환법칙이 성립하지 않는다. P가 적도 위의 점이고, R과 S가 다음과 같은 두 방향의 회전이라고 하자. 왼쪽 그림과 같은 순서로 회전하면 P는 북극으로 가지만, 순서가 반대이면 P는 적도 위의 어느 지점에 있게 된다!

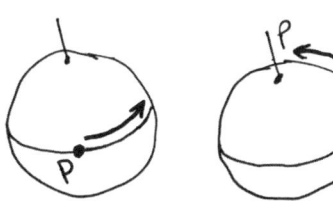

이 경우, P는 먼저 적도를 따라 움직인 다음 북극으로 간다.

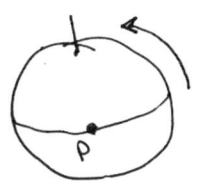
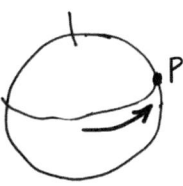

회전 순서가 반대인 경우, P는 적도를 벗어나지 못한다.

Chapter 5, 본문 78쪽

1b. $x = 3$ **1d.** $y = 5$ **1g.** $x = -\frac{1}{4}$ **1i.** $x = \frac{1}{3}$ **1l.** $t = \frac{5}{2}$ **1n.** $y = \frac{7}{4}$
2b. $\frac{3}{4}P$ **2c.** 88 **3a.** $p + 0.08p$ 또는 $(1.08)p$ **3c.** $(1 + r)p$ **4.** $x = 1/a$

5. 교환법칙이 성립하기 때문에 모든 수가 이 방정식을 만족시킨다.

Chapter 6, 본문 90쪽

2. 방정식은 $8(x+2) = 10x$

3. 방정식은 $8(x+3) - \frac{8(x+3)}{10} = 8x + \frac{8(x+3)}{10}$

케빈의 시급은 12달러/시간, 제시의 시급은 15달러/시간.

5. 방정식은 $2x + \frac{8x}{3} + 9 = 303$, 세로는 63인치이고 가로는 84인치이다.

7a. $5n$ **7c.** 니켈동전 7개, 다임동전 14개. **10.** 590.40달러

Chapter 7, 본문 102쪽

1. $x=27, y=24$ **3.** $x=1, y=4$ **5.** $x=-27, y=4$ **9.** $t=3, u=-1, v=-2$

11a. $x=14, y=9$ **12.** 농어는 3,000파운드, 대구는 2,000파운드.

14. 세리아는 14, 제시는 15.   **17.** $x=\dfrac{1}{2-a}$

Chapter 8, 본문 122쪽

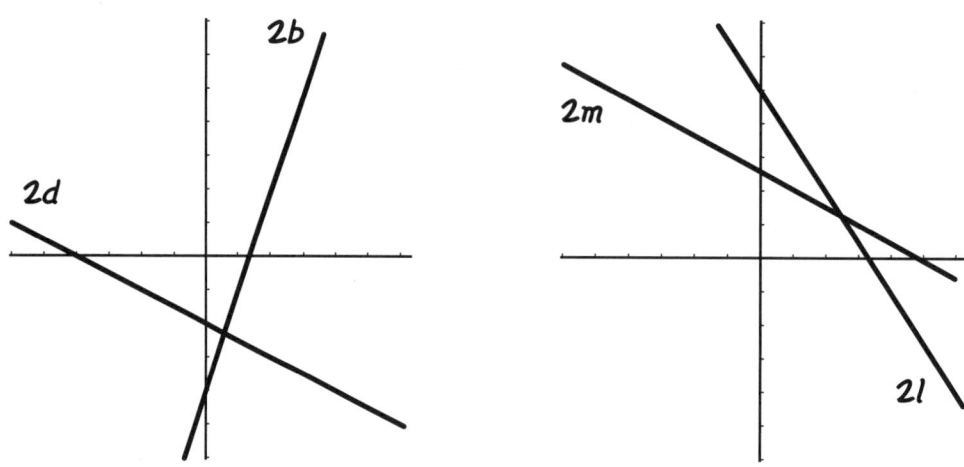

3a. $y=3x+5$ **3d.** $y=-\dfrac{1}{3}x-\dfrac{1}{5}$ **3e.** $y=-6x+15$ **3g.** $y=3x+13$

4a. (3, 4)는 직선 위에 있고, (-3, 1)은 아니다.   **4c.** (7, -2)는 직선 위에 있다.

$x=-14$일 때, $y=19$이므로 두 직선은 점 (-14, 19)에서 만난다.

5a. 주어진 직선의 기울기가 4이므로, 구하는 직선은 $y-2=4(x-1)$ 또는 $y=4x-2$.

5c. $y-6.147=-x+2.35$ 또는 $x+y=8.497$ **8.** $y_2=y_1+mp$

Chapter 9, 본문 130쪽

1c. $2^3=8$ **1d.** $2^{-4}=(1/16)$ **1g.** $(-2)^6=64$ **1i.** 3,125   **1l.** -196   **1m.** 21

1q. $\dfrac{1}{1,000,000}$ **1t.** 3   **1v.** 13   **2.** $(-6)^{100}$은 양수. -6^{100}은 음수.

4a. p^7 **4c.** $6x^5$ **4g.** $-a^6x^3$ **4j.** a^{-n} 또는 $1/a^n$ **4k.** $32x^3$ **6.** 25개

7d. 1.05×10^{13} **9.** 4,096

Chapter 10, 본문 142쪽

1a. 12   **1c.** 21   **1d.** 216   **1f.** 147   **2a.** $p^2 q^8$ **2c.** $4a^2 x^2 (x+1)$

2f. $(x-2)^2 (x+2)^3 (x+3)$ **2h.** $180(x^2+1)^3 (x^3-5)^4$

3b. $\dfrac{abx^2}{c^2}$ **5g.** $\dfrac{B^2}{C}$

3c. $\dfrac{x^2}{b^2}$ **6c.** 1,617

3e. $\dfrac{at^2 b^2}{3}$

4. $r = \dfrac{s}{sQ - 1}$

5a. $\dfrac{a^2 + t^2}{b^2}$

5c. $\dfrac{2(x+3)^2 + (x+2)^2 - 6(x+1)^2}{(x+1)(x+2)(x+3)}$

7. 두 수의 최소공배수는 두 수의 곱이어야 한다.
두 수는 1 이외의 공약수를 갖지 않기 때문이다.
그 이유를 살펴보자.

예를 들어 두 수가 모두 2로 나눠진다면, 두 수는 짝수이고
그 차이는 최소한 2이다.

일반적으로, 두 수 A와 B가 $p>1$인 공약수를 갖는다면,
$A = mp$, $B = np$로 쓸 수 있다. m과 n은 정수이다.
그러면 두 수의 차는

$$A - B = mp - np$$
$$= p(m - n) \quad \longleftarrow \quad p\text{의 배수이기 때문에 1보다 크다.}$$

Chapter 11, 본문 162쪽

2. 3갤런   **3.** 분당 7/3온스 또는 분당 1/6조각   **5.** 23온스

6b. 시간 t 동안 깎은 잔디밭을 L이라고 하면, 방정식은 다음과 같다.

$$L = \tfrac{1}{3} t + \tfrac{1}{2}(t - \tfrac{1}{2})$$

그래서 잔디밭 전체($L=1$)를 깎는 데는 1.5시간이 소요된다.

7. $t = \dfrac{p + q}{pq}$

9. 두 점 A, B는 수(數)직선 위에 있는 점이라고 생각하자. 그리고 점 A의 위치를 $A = 0$이라고 하자. 그러면 두 사람의 속도는 각각 아래와 같다.

$$v_J = \dfrac{B \, \text{피트}}{30 \, \text{초}} \qquad v_C = \dfrac{-B \, \text{피트}}{25 \, \text{초}}$$

s를 위치라고 하면, 두 사람의 비율방정식은 다음과 같다.

$$s_J = \dfrac{B(t - t_J)}{30} \qquad s_C = B - \dfrac{B(t - t_C)}{25}$$

여기서 t_J는 제시의 출발시간, t_C는 세리아의 출발시간이다. 두 사람이 만나는 지점에서는 위의 위치가 서로 같다.

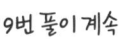

9번 풀이 계속

두 사람이 동시에 출발했다고 하고, 출발시간을 0이라고 하자.

그러면 방정식은 $\frac{Bt}{30} = B - \frac{Bt}{25}$가 된다. B를 약분하고 방정식을 풀면 $t = 150/11$초이다.

만일 세리아가 제시보다 5초 늦게 출발한다면, 방정식은 $\frac{Bt}{30} = B - \frac{B(t-5)}{25}$가 되고 해는 $t = 180/11$초이다.

13. 끝내지 못할 것이다.

Chapter 12, 본문 176쪽

1a. 12 **1c.** 1,000,001 **1e.** $-\frac{3}{2}$ **1g.** 1 **1i.** 15 **2a.** 8 **2c.** 1 **2e.** A

2g. 793 **3.** 양변에 $(a+b)(c+d)$를 곱하면 $a(c+d) = c(a+b)$, 이 식을 전개하여 정리하면 된다.

5. c에서 오른쪽으로 4인치 지점. **7.** 48 마일/시간 **10.** 가능하다! 예를 들면,

	전반기	후반기	시즌 전체
모모	4타석 3안타 = 0.750	100타석 30안타 = 0.300	104타석 33안타 = 0.317
제시	100타석 50안타 = 0.500	100타석 29안타 = 0.290	200타석 79안타 = 0.395

Chapter 13, 본문 188쪽

1.

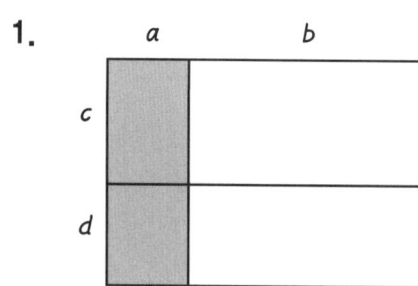

$a(c+d)$는 음영부분이다.

2a. $ab + 3a + 2b + 6$ **2c.** $6x^2 - 9x$

2e. $x^2 - 14x + 49$ **2g.** $6 - 5x + x^2$

3b. $13 \times 17 = (15+2)(15-2) = 225 - 4 = 221$

4b. $1{,}000^2 - 5^2 = 999{,}975$

4d. $30^2 - 5^2 = 875$ **4e.** $1 - .0025 = .9975$

5b. 2와 -5 **5d.** -r과 -s **5g.** 1, -3, 5

6b. $2 \cdot (-7)^2 + 17 \cdot (-7) + 21 = 0$ **8.** -17,458

9a. $4p^2 + qp^2 + 4q + q^2$

9d. $\frac{x^2}{2} + \frac{7x}{6} + \frac{2}{3}$ **9e.** $x^2 - x + \frac{1}{4}$

9i. $a^2x^2 + 2arx + r^2$ **9l.** $x^3 - 1$ **9n.** $x^5 + 1$

Chapter 14, 본문 200쪽

1b. 5 **1d.** $2+4\sqrt{3}$ **1f.** $\frac{1}{4}$ **1h.** $5\sqrt{5}$ **1j.** -2 **1l.** $3+\sqrt{5}+\sqrt{3}+\sqrt{15}$ **1n.** $\frac{1}{3}\sqrt{2}$

2. 3 **3.** $\sqrt{24} = 2\sqrt{6}$ 그리고 $3\sqrt{6} = \sqrt{3^2 \cdot 6} = \sqrt{54}$ **4.** $\sqrt{(45)(5)} = \sqrt{3^2 \cdot 5^2} = 15$

6.

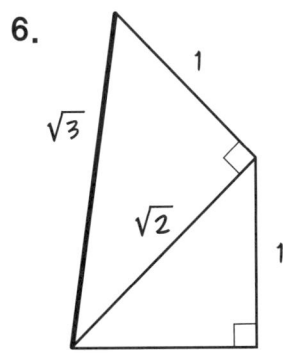

8. $\sqrt{16 \times 25} = 4 \times 5 = 20$ 그래서 $16 \times 25 = 20^2 = 400$

12b. $\sqrt{5}$ **12c.** $2-\sqrt{2}$ **12e.** $\dfrac{\sqrt{a}+\sqrt{b}}{a-b}$

13b. $x^2 + 2\sqrt{a}x + a$ **14.** 중근, $\sqrt{a}$

16. a^2은 1보다 작은 양수인 a를 a에 곱했기 때문에 $a^2 < a$이다. 마찬가지로 $\sqrt{a} \cdot \sqrt{a} < \sqrt{a}$, 즉 $a < \sqrt{a}$ 이다.

18. 분자와 분모에 각각 $c-d\sqrt{n}$을 곱하여 정리하면 다음과 같이 나타낼 수 있다.

$$\frac{ac-bdn}{c^2-nd^2} + \frac{bc-ad}{c^2-nd^2}\sqrt{n}$$

유리수의 덧셈, 곱셈, 몫은 모두 유리수이므로 이 식의 첫째 항과 $\sqrt{n}$의 계수도 유리수이다.

Chapter 15, 본문 222쪽

1a. $(x+3)(x+1)$ **1c.** $(x-6)(x+4)$ **1f.** $(x+16)(x-14)$ **2b.** $x=-2, x=-13$

2d. $x=5, x=-1$ **3b.** x^2-6x+9 **3d.** $x^2+9x+\dfrac{81}{4}$ **3e.** $x^2-4\sqrt{5}x+20$

4b. 0. 문제에서 주어진 식은 완전제곱식인 x^2+4x+4의 2배이다. **4d.** -44. 실근이 없다.

4g. $-87\frac{3}{4}$. 실근이 없다. **5b.** 근은 4와 3. **5c.** $\dfrac{1}{2} \pm \dfrac{1}{2}\sqrt{401}$

7. 54가 근이면, $73-54=19$도 근이어야 한다. 그런데 $19 \times 54 \neq 1{,}027$이므로 54는 근이 아니다.

9a. 분수 $(q-p)/p$를 분리하면 $\dfrac{q-p}{p} = \dfrac{q}{p} - 1$.

문제에서 주어진 대로 q/p 대신 $(p+q)/q$를 대입하여 정리하면 된다.

11. 판별식이 서로 같다. **12.** $4D$

13. $2p=b$에서 p는 $b/2$이다. 또한 $p^2-q^2=c$에서 $q^2=p^2-c=(b^2-4c)/4$이므로, q는 $\sqrt{b^2-4c}/2$이다. p, q를 이용하여 $r=p+q$, $s=p-q$를 구할 수 있다.

옮긴이의 말

수학에 대해 공부하고 배우며 내가 가져온 변함없는 생각이 있다. 바로 수학은 일종의 언어로서 고교 과정까지는 국어나 영어와 같은 다른 언어들에 비해 특별히 어려운 과목이 아니라는 것이다. 남들보다 수학을 좋아해서 그런 면도 있겠지만, 그보다는 수학이 규칙성, 대칭성, 그리고 계층적 구조와 같은 특성을 가지고 있어서, 이 특성만 제대로 이해하면 접근하기가 수월하기 때문이기도 하다.

하지만 현실의 사정은 내 생각과는 많이 다르다. 수학을 어렵게 여기는 학생들이 의외로 많고, 장래의 진로 선택에서도 수학이 중요한 기준으로 작용하는 것 같다. 수학이 어려운 과목이 아니라고 생각하는 사람으로서, 아이들이 수학 공부의 고통에서 헤어나기를 바라는 학부모의 한 사람으로서, 쉬운 수학 공부법을 찾는 일을 지난 수년간 늘 머리를 짓누르는 숙제처럼 여겨왔다.

이 해묵은 고민에 해결의 빛을 던져준 것이 바로 래리 고닉의 과학만화책들이다. 고닉의 책은 우리가 흔히 접하는 일상의 실제 사례를 주로 이용한다는 점과 스토리텔링 방식을 취한다는 특징이 있다. 여기에다 만화의 장점이 더해져 수학의 기본 개념과 원리를 쉽고 실감나게 이해하는 데 큰 도움을 준다. 이 책 『세상에서 가장 재미있는 대수학』의 경우에도, 물건의 개수를 셈하고 발 길이를 재는 평범한 사례를 통해 수(數)에 어떤 종류가 있는지, 왜 그런 수(數)가 필요하게 되었는지, 그리고 각 수(數)가 어떤 특징을 갖고 있는지를 피부에 와닿게 생생하게 설명하고 있다. 나아가 이 수(數)들을 기본 재료로 삼는 '수(數) 요리법'인 연산의 종류와 법칙들을 설명하고, 여러 연산들의 조합으로 이루어진 방정식과 같은 좀 더 복잡한 개념들로 조금씩 접근해나간다. 이차방정식과 그 해법을 '정사각형의 완성'이라는 고대 바빌로니아의 방식을 동원하여 그림으로 알기 쉽게 설명한 부분은 특히 눈에 띈다. 기본 개념에 대한 구체적인 설명보다는 추상적인 문제 풀이 위주로 구성되어 있는 다른 수학 학습지와는 확실한 차이를 보여주고 있다.

같은 말이라도 시간과 장소, 대화상대에 따라 다르게 해석될 수 있는 일상언어와는 달리 수학은 해석의 여지가 없는 정확한 정의와 법칙에 바탕을 둔 논리적 언어다. 그래서 수학 공부는 기본 개념과 이를 관통하는 원리에 대한 이해가 무엇보다 중요하며, 이 과정은 우리에게 주변 세계를 이해할 수 있는 눈을 뜨게 만들어준다. 이러한 측면에서 이 책은 비교할 바 없는 장점을 가지고 있다고 생각한다. 특히, 대수학은 수학 중의 수학에 해당하는 부분이고, 대수학에 대한 실력이 쌓여 있지 않으면 다른 부분의 수학 공부를 제대로 해나가기가 어렵다.

모쪼록 이 책이 여러분의 마음속에 잠재되어 있는 수학에 대한 흥미를 일깨우는 데 큰 도움이 되기를 바란다.

2015년 1월 24일
옮긴이 전영택

찾아보기

| ㄱ |

가감법 95~100
가분수 20
가중치 172~175
가중평균 169~175
거듭제곱 124
결합법칙 57~59
계수 72, 74
공통인수 132
과학적 기수법 130
교환법칙 56, 58
그래프 106
근 184
근의 공식 214~215
근호 189
기울기 108~109
기울기-절편 형태 111~116

| ㄴ |

논리 나무 205~206

| ㄷ |

다항식 227
대분수 20
대수식 11, 48, 67
대입법 95~96
데카르트(Descartes, Rene) 103~104
등비수열 229
등차수열 229
등치법 98

| ㅁ |

무게중심 168
무리수 19
무한급수 229

| ㅂ |

바빌로니아 방정식 217
바빌로니아의 수 181
방정식 10, 67
변수 48~49, 52~53
변수항 71
변화율 147~148, 153
복소수 221
부진근수 19
부호법칙 34, 41
분배법칙 62~63
브라마굽타(Brahmagupta) 28, 32
비례상수 160

| ㅅ |

상수항 71
상승거리 108~110, 114, 147, 151, 178
선형 대수학 229
선형 방정식 115
소거 97, 100~101
소수 142
속도 153
속력 146~152
수열 229
순환소수 18

식의 값 45, 51
실수 19

| ㅇ |

알콰리즈미(al-Khwārizmī) 70
약수 142
양수화 26
역수 38~41
연산 43, 46
원점 104
유리수 19
유리식 131
음수화 34, 55. 63
이차식 177
이항식 228
인수분해 202~203, 206, 210, 217~218
일반 비율방정식 149~151

| ㅈ |

자연수 13
재균형 70~71, 76
절댓값 26~27
절편 110
정사각형의 완성 210
정수 19
제곱근 187, 189
좌표 105
중근 218~219
지수 124
지수법칙 127
직교 119
진행거리 108~110, 114, 147, 151, 178

| ㅊ |

차분몫 110, 114
척도 160
최소공배수 136
축소율 87, 89

| ㅋ |

크기 조정 36

| ㅎ |

파스칼의 삼각형 228
판별식 218
평행선 116
피타고라스(Pythagoras) 178, 190

| ㅎ |

합성비율 156~157
합성수 142
항의 이동 76~77
해 68
허수 220~221
혼합계산의 법칙 46
확률 228
황금분할비 222
황금 직사각형 222

래리 고닉(Larry Gonick)

1946년 미국에서 태어났다. 하버드대학 수학과를 최우등으로 졸업하여 학업성적이 우수한 사람만이 들어갈 수 있는 파이베타카파 회원이 되었으나, 하버드대학원에서 수학 석사학위를 받고 박사 과정을 밟다가 홀연 그만두고 저업 논픽션 만화가의 길에 들어섰다. 그의 만화에서는 과학도다운 우주적이고 수평적인 역사관과 더불어 박학다식한 내공을 바탕으로 한 독창적인 해석을 느낄 수 있다. 그의 책들은 하버드대학, 버클리대학, 예일대학 등에서 부교재로 활용될 정도로 지적, 완성도를 인정받고 있다.

1999년 탁월한 만화가에게 주는 잉크포트상을, 2003년에는 만화의 오스카상이랄 수 있는 하비상을 받았고, '세상에서 가장 재미있는 세계사' 시리즈는 권위 있는 만화전문지《더 코믹, 저널》이 뽑은 20세기 100대 만화에 뽑히기도 했다. '세상에서 가장 재미있는 과학만화' 시리즈는 래리 고닉이 단독(미적분, 대수학)작업, 또는 통계학, 유전학, 물리학, 화학 분야 전문가들과의 공동작업으로 딱딱한 과학을 쉽고 재미있게 풀어낸 만화 시리즈로 정평이 높으며, 학생은 물론 성인들에게도 폭넓게 읽히고 있다.

40년 넘게 수학, 역사, 과학에 관한 만화책을 저술해오고 있는 래리 고닉은 자신이 수학 학사와 석사학위를 받은 하버드대학에서 미적분학을 가르쳤고, MIT에서 나이트 과학 저널리즘 펠로우로 일했다. 현재 캘리포니아주 샌프란시스코에서 살고 있다.

www.larrygonick.com

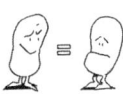

세상에서 가장 재미있는 대수학

1판 1쇄 펴냄 2015년 2월 5일
2판 1쇄 펴냄 2021년 3월 25일
2판 3쇄 펴냄 2024년 8월 27일

글·그림 래리 고닉
옮긴이 전영택

주간 김현숙 | **편집** 김주희, 이나연
디자인 이현정, 전미혜
마케팅 백국현(제작), 문윤기 | **관리** 오유나

펴낸곳 궁리출판 | **펴낸이** 이갑수

등록 1999년 3월 29일 제300-2004-162호
주소 10881 경기도 파주시 회동길 325-12
전화 031-955-9818 | **팩스** 031-955-9848
홈페이지 www.kungree.com
전자우편 kungree@kungree.com
페이스북 /kungreepress | **트위터** @kungreepress
인스타그램 /kungree_press

ⓒ 궁리출판, 2015.

ISBN 978-89-5820-693-4 07410
ISBN 978-89-5820-690-3 (세트)

책값은 뒤표지에 있습니다.
파본은 구입하신 서점에서 바꾸어 드립니다.